山东省工程建设标准

DB37/T 5313-2025　　　　　　　　J 10372-2025

建筑与市政基坑工程监测技术标准

Technical Standard for Monitoring of Building and Municipal Excavation Engineering

U0331849

1511244132

数字标准B
扫码阅读

微信扫码 免费兑换

2025-02-05　发布　　　　　　　　2025-08-01　实施

山东省住房和城乡建设厅
山东省市场监督管理局　　　联合发布

山东省工程建设标准

建筑与市政基坑工程监测
技术标准

Technical Standard for Monitoring of Building
and Municipal Excavation Engineering

DB37/T 5313 - 2025

住房和城乡建设部备案号：J 10372 - 2025

主编单位：济　　南　　大　　学
批准部门：山东省住房和城乡建设厅
　　　　　山东省市场监督管理局
施行日期：2 0 2 5 年 8 月 1 日

中国建筑工业出版社

2025　北　京

山东省工程建设标准

建筑与市政基坑工程监测
技术标准

Technical Standard for Monitoring of Building
and Municipal Excavation Engineering

DB37/T 5313－2025

*

中国建筑工业出版社出版、发行（北京海淀三里河路9号）

各地新华书店、建筑书店经销

北京红光制版公司制版

建工社（河北）印刷有限公司印刷

*

开本：850毫米×1168毫米　1/32　印张：3　字数：78千字

2025年3月第一版　　2025年3月第一次印刷

定价：**38.00**元

统一书号：15112·44132

版权所有　翻印必究

如有质量问题，可与本社读者服务中心联系

电话：(010)58337283（邮政编码100037）

本社网址：http://www.cabp.com.cn

网上书店：http://www.china-building.com.cn

山东省住房和城乡建设厅
山东省市场监督管理局
公 告

2025年 第7号

山东省住房和城乡建设厅
山东省市场监督管理局
关于批准发布山东省工程建设标准
《建筑与市政基坑工程监测技术标准》的
公告

由济南大学主编的《建筑与市政基坑工程监测技术标准》，业经审定通过，批准为山东省工程建设标准，编号为 DB37/T 5313-2025，现予以发布，自 2025 年 8 月 1 日起施行。原《建筑基坑工程监测技术规范》DBJ14-024-2004 同时废止。

山东省内建筑与市政工程基坑及周边环境监测采用本标准时，还应遵守国家和山东省有关法律法规和强制性标准规范规定。

本标准由山东省住房和城乡建设厅负责管理，由济南大学负责具体技术内容的解释。

山东省住房和城乡建设厅
山东省市场监督管理局
2025 年 2 月 5 日

前　言

　　根据山东省住房和城乡建设厅、山东省市场监督管理局《关于印发 2022 年第二批山东省工程建设标准制修订计划的通知》（鲁建标字〔2022〕14 号）的要求，标准编制组经广泛调查研究，认真总结实践经验，参考有关国家标准，并在广泛征求意见的基础上，修订了原山东省工程建设标准《建筑基坑工程监测技术规范》DBJ14-024-2004。

　　本标准的主要技术内容是：总则、术语、基本规定、监测项目、监测点布置、人工监测、自动化监测、监测频率、监测预警、数据处理与信息反馈等。

　　本标准修订的主要技术内容是：

　　1. 扩大标准适用范围，增加岩体基坑和土岩组合基坑监测以及膨胀土、湿陷性黄土等特殊土基坑监测。

　　2. 调整基坑工程监测实施范围的规定。

　　3. 调整实施第三方监测的规定。

　　4. 增加对监测范围的规定。

　　5. 调整土质基坑现场仪器监测项目表。

　　6. 增加岩体基坑工程监测项目表。

　　7. 增加对土岩组合基坑工程监测项目的规定。

　　8. 增加对爆破开挖的监测要求，增加爆破振动监测方法。

　　9. 增加特殊土基坑工程巡视检查内容。

　　10. 调整水平位移观测、竖向位移观测的精度要求，增加设备精度要求。

　　11. 增加光电测距三角高程法、静力水准法的技术规定。

　　12. 增加"7 自动化监测"一章，增加实施自动化监测的条件规定。增加自动化监测系统的设计、安装和运维、自动化监测

4

方法等技术规定。

13.调整对仪器监测项目监测频率的规定。

14.增加爆破振动监测频率的规定。

15.增加监测项目的预警值。

本标准由山东省住房和城乡建设厅负责管理,济南大学负责具体技术内容的解释。如有意见或建议,请寄送济南大学《建筑与市政基坑工程监测技术标准》管理组(地址:山东省济南市南辛庄西路336号,邮编:250022,邮箱:liuyan1220@163.com)。

本 标 准 主 编 单 位:济南大学

本 标 准 参 编 单 位:山东正元建设工程有限责任公司

中铁第六勘察设计院集团有限公司

济南城市建设集团有限公司

中铁十四局集团大盾构工程有限公司

中建八局第二建设有限公司

山东明嘉勘察测绘有限公司

济南鼎汇土木工程技术有限公司

山东盛腾土木工程有限公司

本标准主要起草人员:刘俊岩　刘　燕　郑全明　贾　靖

王　磊　周　祥　刘培明　李亮亮

吕士东　高同矿　李　明　李增三

张　艳　扈　萍　曲　田　杨　帆

冯小冬　王　超　高腾达　张　哲

孙美云　张黎明　徐　晨　张战伟

刘　勇　裴现勇　张树明　宫　珂

方　林

本标准主要审查人员:孙剑平　盛根来　李连祥　孙　杰

罗永现　高锡刚　肖代胜　赵庆亮

隋俭武

目　　次

Contents

1 总　　则

1.0.1 为规范建筑与市政基坑工程监测工作，保证监测质量，做到安全可靠、技术先进、经济合理，制定本标准。

1.0.2 本标准适用于山东省内建筑与市政工程基坑及周边环境监测。对于填土、膨胀土、湿陷性黄土以及高灵敏性软土等特殊土和侵蚀性环境的基坑工程，尚应结合当地工程经验开展监测工作。

1.0.3 基坑工程监测应综合考虑基坑工程设计方案、建设场地的岩土工程条件、周边环境条件、施工方案等因素，制定合理的监测方案，精心组织和实施监测。

1.0.4 基坑工程监测除应符合本标准外，尚应符合国家和山东省现行有关标准的规定。

2 术　　语

2.0.1 基坑　excavation

　　为进行建（构）筑物、管线地下部分的施工，由地面向下开挖出的空间。

2.0.2 基坑周边环境　surroundings around buildiny excavation

　　在基坑施工及使用阶段，基坑周围可能受基坑影响的或可能影响基坑的既有建（构）筑物、设施、管线、道路、岩土体及水系等的统称。

2.0.3 基坑工程监测　monitoring of excavation engineering

　　在基坑施工及使用阶段，采用仪器量测、现场巡视等手段和方法对基坑及周边环境的安全状况、变化特征及其发展趋势实施定期或连续巡查、量测、监视以及数据采集、分析、反馈活动。

2.0.4 自动化监测系统　automatic monitoring system

　　将测量技术与远程通信技术、传感器技术、计算机技术等相结合而构建的能够实现基坑工程监测数据的自动采集、传输、处理分析和预警的体系。

2.0.5 岩体基坑　rock mass excavation

　　岩石出露地面或岩体上覆盖少量土的基坑。

2.0.6 土岩组合基坑　soil-rock combinational excavation

　　开挖深度范围内上部为土体，下部为岩体，需要同时考虑土体和岩体对支护结构稳定影响的基坑。

2.0.7 基坑设计安全等级　design safety grade of excavation

　　由基坑工程设计文件确定的基坑安全等级。

2.0.8 支护结构　bracing and retaining structure

　　为保证基坑开挖和地下结构的施工安全以及保护基坑周边环境，对基坑侧壁进行支挡、加固的一种结构体系。

2.0.9 围护墙 retaining wall

基坑周边承受坑侧土压力、水压力及一定范围内地面荷载的竖向结构。

2.0.10 支撑 bracing

在基坑内用以承受围护墙传来荷载的构件或结构体系。

2.0.11 监测点 monitoring point

直接或间接设置在监测对象上并能反映其变化特征的观测点。

2.0.12 监测频率 frequency of monitoring

一定时间内对监测点实施观测的次数。

2.0.13 监测预警值 forewarning value on monitoring

针对基坑及周边环境的保护要求，对监测项目所设定的警戒值。

2.0.14 智能型全站仪 robotic total station

具有目标自动跟踪识别与精确照准功能，可在无人干预的条件下自动完成多个目标的识别、照准与测量且自动记录、处理和传输数据，并可以与外部设备进行无线通信的全站仪。

2.0.15 比对测量 comparison measurement

采取同等精度或更高精度的不同测量方法或设备对同一监测点进行测量，并比较其测量结果的方法。

3 基 本 规 定

3.0.1 下列基坑应实施基坑工程监测：

1 基坑设计安全等级为一、二级的基坑；

2 开挖深度大于等于 5m 的下列基坑：

　1）土质基坑；

　2）极软岩基坑、破碎的软岩基坑、极破碎的岩体基坑；

　3）上部为土体，下部为极软岩、破碎的软岩、极破碎的岩体构成的土岩组合基坑；

　4）存在向坑内倾斜的软弱结构面或土岩界面的岩体基坑、土岩组合基坑。

3 开挖深度小于 5m 但现场地质情况和周围环境较复杂的基坑。

3.0.2 基坑工程设计方应在设计文件中对监测范围、监测项目、测点布置、监测频率及监测预警值等提出要求。

3.0.3 基坑工程施工前，应由具备相应能力的第三方对基坑工程实施现场监测。

3.0.4 监测工作宜遵循下列步骤：

1 现场踏勘，收集资料；

2 制定监测方案；

3 基准点、工作基点、监测点布设与验收，仪器设备校验和元器件标定；

4 实施现场监测；

5 监测数据的处理、分析及信息反馈，提交监测日报；

6 提交阶段性监测结果和报告；

7 现场监测工作结束后，提交监测总结报告并组卷归档。

3.0.5 监测方在现场踏勘、资料收集阶段应完成下列主要工作：

1 了解建设方和相关单位对监测的要求；

2 收集并分析岩土工程勘察、水文气象、周边环境、设计、施工等资料；

3 了解相邻工程的设计、施工等情况；

4 通过现场踏勘，复核相关资料与现场状况的关系，确定拟监测项目现场实施的可行性。

3.0.6 监测方应编制监测方案，监测方案应包括下列内容：

1 工程概况；

2 监测目的；

3 编制依据；

4 监测范围、对象及项目；

5 基准点、工作基点、监测点的布设要求及测点布置图；

6 监测方法和精度等级；

7 巡视检查内容；

8 监测人员配备和使用的主要仪器设备；

9 监测期和监测频率；

10 监测数据处理、分析与信息反馈；

11 监测异常、预警及危险情况下的监测措施；

12 质量、安全及其他管理制度。

3.0.7 监测方案编制前，建设方应提供下列资料：

1 岩土工程勘察报告；

2 基坑支护设计文件；

3 基坑工程施工方案或施工组织设计；

4 周边环境各监测对象的相关资料；

5 其他所需资料。

3.0.8 基坑工程监测范围应根据基坑设计深度、周边环境情况、地质条件以及支护结构类型、施工工法等综合确定；采用施工降水时，尚应考虑降水及地面沉降的影响范围；采用爆破开挖时，爆破振动的监测范围应根据现行国家标准《爆破安全规程》GB 6722 的相关规定并结合工程实际情况，通过爆破试验确定。

3.0.9 现场监测的对象宜包括：

1 支护结构；

2 基坑及周边岩土体；

3 地下水及周边水体；

4 周边环境中的被保护对象，包括周边建筑、管线、轨道交通、铁路及重要的道路等；

5 其他应监测的对象。

3.0.10 监测方法的选择应根据监测对象的监控要求、现场条件、当地经验和方法适用性等因素综合确定，监测方法应合理易行。仪器监测可采用现场人工监测或自动化实时监测。

3.0.11 监测方案应经建设方、监理方、设计方等认可，必要时还应与基坑周边环境涉及的有关管理单位协商一致后方可实施。对超过一定规模的危险性较大的基坑工程，其监测方案应按规定进行专家论证。

3.0.12 监测单位应按审定后的监测方案实施监测。当基坑工程设计或施工有重大变更时，监测单位应与建设方及相关单位研究并及时调整监测方案。

3.0.13 监测单位应及时处理、分析监测数据，并将监测结果和评价于现场监测完成后 24h 内向建设方及相关单位进行反馈，当监测数据达到监测预警值时，应立即向建设方及相关单位提交语音、文字等形式的警情快报。

3.0.14 监测期间，监测方应做好监测设施的保护；参建各方不得移除、覆盖、损害监测设施；建设方及总包方应协助监测单位保护监测设施。

3.0.15 监测结束，监测单位应向建设方提供监测总结报告，并将下列资料组卷归档：

1 监测方案；

2 基准点、监测点布设及验收记录；

3 阶段性监测报告；

4 监测总结报告。

4 监 测 项 目

4.1 一 般 规 定

4.1.1 监测项目应与基坑工程设计、施工方案相匹配；应针对监测对象的关键部位进行重点观测；各监测项目的选择应利于形成互为补充、验证的监测体系。

4.1.2 基坑工程现场监测应采用仪器监测与现场巡视检查相结合的方法。

4.2 仪 器 监 测

4.2.1 土质基坑工程仪器监测项目应根据表 4.2.1 的规定进行选择。

表 4.2.1 土质基坑工程仪器监测项目表

监测项目	基坑设计安全等级		
	一级	二级	三级
围护墙（坡体）顶部水平位移	应测	应测	应测
围护墙（坡体）顶部竖向位移	应测	应测	应测
深层水平位移	应测	应测	宜测
立柱竖向位移	应测	应测	宜测
立柱水平位移	宜测	可测	可测
支撑轴力	应测	应测	宜测
锚杆轴力	应测	宜测	可测
围护墙内力	宜测	可测	可测
立柱内力	可测	可测	可测
围护墙侧向土压力	可测	可测	可测
孔隙水压力	可测	可测	可测

监测项目		基坑设计安全等级		
		一级	二级	三级
地下水位		应测	应测	应测
周边地表竖向位移		应测	应测	宜测
土体分层竖向位移		可测	可测	可测
坑底隆起		可测	可测	可测
周边建筑	竖向位移	应测	应测	应测
	倾斜	应测	宜测	可测
	水平位移	宜测	可测	可测
周边建筑裂缝、地表裂缝		应测	应测	应测
周边管线	竖向位移	应测	应测	应测
	水平位移	可测	可测	可测
周边道路竖向位移		应测	宜测	可测

4.2.2 岩体基坑工程仪器监测项目应根据表4.2.2的规定进行选择。

表 4.2.2 岩体基坑工程仪器监测项目表

监测项目		基坑设计安全等级		
		一级	二级	三级
坑顶水平位移		应测	应测	应测
坑顶竖向位移		应测	宜测	可测
锚杆轴力		应测	宜测	可测
地下水、渗水与降雨关系		宜测	可测	可测
周边地表竖向位移		应测	宜测	可测
周边建筑	竖向位移	应测	宜测	可测
	倾斜	宜测	可测	可测
	水平位移	宜测	可测	可测
周边建筑裂缝、地表裂缝		应测	宜测	可测
周边管线	竖向位移	应测	宜测	可测
	水平位移	宜测	可测	可测
周边道路竖向位移		应测	宜测	可测

4.2.3 土岩组合基坑工程应根据基坑设计安全等级、岩体质量、土岩分布、土岩结合面及地下水状况、支护形式、周边环境变形控制要求，按照本标准第4.2.1、第4.2.2条的规定选择监测项目，围护桩深度小于基坑开挖深度时，围护桩嵌岩处岩体的水平向位移宜进行监测。

4.2.4 岩体基坑、土岩组合基坑采用爆破开挖时，应对爆破振动影响范围内的建（构）筑物、桥梁、道路、管线等保护对象进行质点振动速度或加速度监测。

4.2.5 湿陷性黄土和膨胀土基坑，当坑壁土体浸水可能性较大时，宜对土体含水量进行监测。

4.2.6 当基坑周边有地铁、隧道或其他对位移有特殊要求的建筑及设施时，应与有关管理部门或单位协商确定监测项目。

4.3 巡视检查

4.3.1 基坑工程施工和使用期内，每天应由专人进行巡视检查。

4.3.2 基坑工程巡视检查宜包括下列内容：

1 支护结构

　1）支护结构成型质量；

　2）冠梁、支撑、围檩或腰梁是否有裂缝；

　3）冠梁、围檩或腰梁的连续性，有无过大变形；

　4）围檩或腰梁与围护结构的密贴性；围檩与支撑的防坠落措施；

　5）锚杆垫板有无松动、变形；

　6）立柱有无倾斜、沉陷或隆起；

　7）止水帷幕有无开裂、渗漏水；

　8）基坑有无涌土、流砂、管涌；

　9）面层有无开裂、脱落。

2 施工状况

　1）开挖后暴露的岩土体情况与岩土勘察报告有无差异；

　2）开挖分段长度、分层厚度及支撑、锚杆、土钉设置是否与设计要求一致；

3）基坑侧壁开挖暴露面是否及时封闭；

4）支撑、锚杆、土钉是否施工及时；

5）边坡、侧壁及周边地表的截水、排水措施是否到位，坑边或坑底有无积水；

6）基坑降水、回灌设施运转是否正常；

7）基坑周边地面有无超载。

3　周边环境

1）周边管线有无破损、泄漏情况；

2）围护墙后土体有无沉陷、裂缝及滑移现象；

3）周边建筑有无新增裂缝出现；

4）周边道路（地面）有无裂缝、沉陷；

5）邻近基坑施工变化情况；

6）存在水力联系的邻近水体的水位变化情况。

4　监测设施

1）基准点、工作基点、监测点完好状况；

2）监测元件的完好及保护情况；

3）有无影响观测工作的障碍物；

4）自动化监测系统的工作状态。

5　根据设计要求或当地经验确定的其他巡视检查内容。

4.3.3　特殊土基坑工程巡视检查除应符合本标准第4.3.2条的规定外，尚应符合下列规定：

1　对膨胀土、湿陷性黄土、厚层填土，应重点巡视场地内防水、排水等防护设施是否完好，开挖暴露面有无被雨水及各种水源浸湿的现象；是否及时覆盖封闭；

2　膨胀土基坑开挖时有无较大的原生裂隙面，在干湿循环剧烈季节坡面有无保湿措施；

3　对高灵敏性土，应重点巡视施工扰动情况；支撑施作是否及时；侧壁有无软土挤出；开挖暴露面是否及时封闭等。

4.3.4　岩体基坑、土岩组合基坑工程巡视检查除应符合本标准第 4.3.2 条的规定外，尚应符合下列规定：
1 岩体结构面产状、结构面含水情况；
2 围护桩嵌岩处岩体有无开裂、掉块；
3 开挖后岩体是否出现松动。

4.3.5 巡视检查宜以目测为主，可辅以锤、钎、量尺、放大镜等工器具以及摄像、摄影、三维激光扫描等设备进行。

4.3.6 对自然条件、支护结构、施工工况、周边环境、监测设施等的巡视检查情况应做好记录，及时整理，并与仪器监测数据进行综合分析，发现异常情况的，应及时通知建设方及其他相关单位。

5 监测点布置

5.1 一般规定

5.1.1 监测点的布置应能反映监测对象的实际状态及其变化趋势，监测点应布置在监测对象受力及变形关键点和特征点上，并应满足对监测对象的监控要求。

5.1.2 监测点的布置不应妨碍监测对象的正常工作，并且便于监测、保护。

5.1.3 监测点的布设应遵循先重点后一般的原则，不同监测项目的监测点宜布置在同一监测断面上。

5.1.4 监测标志应稳固可靠、标示清晰。

5.2 基坑及支护结构

5.2.1 围护墙或基坑边坡顶部的水平和竖向位移监测点应沿基坑周边布置，基坑各侧边中部、阳角处、邻近被保护对象的部位应布置监测点。监测点水平间距不宜大于 20m，每边监测点数目不宜少于 3 个。水平和竖向位移监测点宜为共用点，监测点宜设置在围护墙顶或基坑坡顶上。

5.2.2 围护墙或土体深层水平位移监测点宜布置在基坑周边的中部、阳角处及有代表性的部位。监测点水平间距宜为 20m～60m，每侧边监测点数目不应少于 1 个。用测斜仪观测深层水平位移时，测斜管埋设深度应符合下列规定：

    1 埋设在围护墙体内的测斜管，布置深度宜与围护墙入土深度相同；

    2 埋设在土体中的测斜管，长度不宜小于基坑深度的 1.5 倍，并应大于围护墙的深度；以测斜管底为固定起算点时，管底应嵌入稳定的土体或岩体中。

5.2.3 围护墙内力监测断面的平面位置应布置在设计计算受力、变形较大且有代表性的部位。监测点数量和水平间距应视具体情况而定。竖直方向监测点间距宜为 2m～4m 且在设计计算弯矩极值处应布置监测点；每一监测点沿垂直于围护墙方向对称放置的应力计不应少于 1 对。

5.2.4 支撑轴力监测点的布置应符合下列规定：

1 监测断面的平面位置宜设置在支撑设计计算内力较大、基坑阳角处或在整个支撑系统中起控制作用的杆件上；

2 每层支撑的轴力监测点数量不应小于 10％且不少于 3 个，各层支撑的监测点位置宜在竖向保持一致；

3 钢支撑的监测断面宜选择在支撑的端头部位；混凝土支撑的监测断面宜选择在两支点间 1/3 部位，并避开节点位置；

4 每个监测点传感器的设置数量及布置应满足不同传感器测试要求。

5.2.5 立柱的竖向位移监测点宜布置在基坑中部、多根支撑交汇处、地质条件复杂处的立柱上；监测点不应少于立柱总根数的 5％，逆作法施工的基坑不应少于 10％，且均不应少于 3 根。立柱的内力监测点宜布置在设计计算受力较大的立柱上，位置宜设在坑底以上各层立柱下部的 1/3 部位，每个截面传感器埋设不应少于 4 个。

5.2.6 锚杆轴力监测断面的平面位置应选择在设计计算受力较大且有代表性的位置，基坑每侧边中部、阳角处和地质条件复杂的区段内宜布置监测点。每层锚杆的内力监测点数量应为该层锚杆总数的 1％～3％，且基坑每边不应少于 1 根。各层监测点位置在竖向上宜保持一致。每根杆体上的测试点宜设置在锚头附近和受力有代表性的位置。

5.2.7 坑底隆起监测点的布置应符合下列规定：

1 监测点宜按纵向或横向断面布置，断面宜选择在基坑的中央以及其他能反映变形特征的位置，断面数量不宜少于 2 个；

2 同一断面上监测点横向间距宜为 10m～30m，数量不宜少于 3 个；

    3 监测标志宜埋入坑底以下 20cm～30cm。

5.2.8 围护墙侧向土压力监测点的布置应符合下列规定：

    1 监测断面的平面位置应布置在受力、土质条件变化较大或其他有代表性的部位；

    2 在平面布置上，基坑每边的监测断面不宜少于 2 个。竖向布置上监测点间距宜为 2m～5m，下部宜加密；

    3 当按土层分布情况布设时，每层土布设的测点不应少于 1 个，且宜布置在各层土的中部。

5.2.9 孔隙水压力监测断面宜布置在基坑受力、变形较大或有代表性的部位。竖向布置上监测点宜在水压力变化影响深度范围内按土层分布情况布设，竖向间距宜为 2m～5m，数量不宜少于 3 个。

5.2.10 地下水位监测点的布置应符合下列规定：

    1 当采用管井降水时，基坑内地下水位监测点宜布置在基坑中央和两相邻降水井的中间部位；当采用轻型井点、喷射井点降水时，水位监测点宜布置在基坑中央和周边拐角处，监测点数量应视具体情况确定。

    2 基坑外地下水位监测点应沿基坑、被保护对象的周边或在基坑与被保护对象之间布置，监测点间距宜为 20m～50m。相邻建筑、重要的管线或管线密集处应布置水位监测点；当有止水帷幕时，宜布置在截水帷幕的外侧约 2m 处。

    3 水位观测管的管底埋置深度应在最低设计水位或最低允许地下水位之下 3m～5m。承压水水位监测管的滤管应埋置在所测的承压含水层中。

    4 在降水深度内存在 2 个及以上含水层时，宜分层布设地下水位观测孔。

    5 岩体基坑地下水监测点宜布置在出水点和可能滑面部位。

    6 设有回灌井点的基坑，坑外水位观测井应设置在回灌井点与被保护对象之间。

5.3 基坑周边环境

5.3.1 基坑边缘以外 1 倍～3 倍的基坑开挖深度范围内需要保护的周边环境应作为监测对象，必要时应扩大监测范围。

5.3.2 当基坑邻近铁路、轨道交通、高架道路、隧道、原水引水、合流污水、重要管线、重要文物和设施、近现代优秀建筑等重要保护对象时，监测范围及监测点的布设尚应符合相关管理部门的技术要求。

5.3.3 周边建筑竖向位移监测点的布置应符合下列规定：

1 建筑四角、沿外墙每 10m～15m 处或每隔 2 根～3 根柱的柱基或柱子上，且每侧外墙不应少于 3 个监测点；

2 不同地基或基础的分界处；

3 不同结构的分界处；

4 变形缝、抗震缝或严重开裂处的两侧；

5 新、旧建筑或高、低建筑交接处的两侧；

6 高耸构筑物基础轴线的对称部位，每一构筑物不应少于 4 点。

5.3.4 周边建筑水平位移监测点应布置在建筑的外墙墙角、外墙中间部位的墙上或柱上、裂缝两侧以及其他有代表性的部位，监测点间距视具体情况而定，一侧墙体的监测点不宜少于 3 点。

5.3.5 周边建筑倾斜监测点的布置应符合下列规定：

1 监测点宜布置在建筑角点、变形缝两侧的承重柱或墙上；

2 监测点应沿主体顶部、底部上下对应布设，上、下监测点应布置在同一竖直线上；

3 当由基础的差异沉降推算建筑倾斜时，监测点的布置应符合本标准第 5.3.3 条的规定。

5.3.6 周边建筑裂缝、地表裂缝监测点应选择有代表性的裂缝进行布置，当原有裂缝增大或出现新裂缝时，应及时增设监测点。对需要观测的裂缝，每条裂缝的监测点至少应设 2 个，且宜设置在裂缝的最宽处及裂缝末端。

5.3.7 周边管线监测点的布置应符合下列规定：

1 应根据管线修建年份、类型、材质、尺寸、接口形式及现状等情况，综合确定监测点布置和埋设方法；应对重要的、距离基坑近的、抗变形能力差的管线进行重点监测；

2 监测点宜布置在管线的节点、转折点、变坡点、变径点等特征点和变形曲率较大的部位，监测点水平间距宜为 15m～25m，并宜向基坑边缘以外延伸 1 倍～3 倍的基坑开挖深度；

3 供水、煤气、供热等压力管线宜设置直接监测点，也可利用窨井、阀门、抽气口以及检查井等管线设备作为监测点；在无法埋设直接监测点的部位，可设置间接监测点，间接监测点宜设置底面观测点。

5.3.8 周边地表竖向位移监测断面宜设在坑边中部或其他有代表性的部位。监测断面应与坑边垂直，数量视具体情况确定。每个监测断面上的监测点数量不宜少于 5 个。监测点标志埋设深度应穿过地面硬壳层，埋设在土层中。

5.3.9 土体分层竖向位移监测孔应布置在靠近被保护对象且有代表性的部位，数量应视具体情况确定。竖向布置上测点宜设置在各层土的界面上，也可等间距设置。测点深度、测点数量应视具体情况确定。

5.3.10 周边环境爆破振动监测点应根据保护对象的重要性、结构特征、距离爆源的远近等布置。对于同一类型的保护对象，监测点宜选择在距离爆源最近、结构性状最弱的保护对象上。当因地质、地形等情况，爆破对较远处保护对象可能产生更大危害时，应增加监测点。监测点宜布置在保护对象的基础以及其他具有代表性的位置。

6 人 工 监 测

6.1 一 般 规 定

6.1.1 变形监测网的基准点、工作基点的设置应符合下列规定：

1 基准点应选择在施工影响范围以外不受扰动的稳定区域，且不应埋设在低洼积水、湿陷、冻胀、胀缩等影响范围内；基准点应稳定可靠。

2 工作基点应选在相对稳定和方便使用的位置。在通视条件良好、距离较近的情况下，宜直接将基准点作为工作基点。

3 工作基点应与基准点进行组网和联测。

6.1.2 水平位移监测网宜进行一次布网，并宜采用假定坐标系统或建筑坐标系统。水平位移监测网可采用基准线、单导线、导线网、边角网等形式，水平位移监测基准点不应少于4个。工作基点宜设置为具有强制对中装置的观测墩；每次水平位移观测前应对相邻控制点进行稳定性检查。

6.1.3 竖向位移监测网宜采用国家高程基准或工程所在城市使用的高程基准，也可采用独立的高程基准。监测网应布设成闭合环或附合线路，且宜一次布设。基准点的数量不应少于3个，基准点之间应形成闭合环；基准点标志的型式和埋设应符合现行行业标准《建筑变形测量规范》JGJ 8 的有关规定。

6.1.4 监测仪器、设备和元件应符合下列规定：

1 满足观测精度和量程的要求，且应具有良好的稳定性和可靠性；

2 应经过校准或标定，且校核记录和标定资料齐全，并应在规定的校准有效期内使用；

3 监测过程中应定期进行监测仪器、设备的维护保养、检测以及监测元件的检查。

6.1.5 对同一监测项目，监测时宜符合下列规定：

1 采用相同的观测方法和观测路线；

2 使用同一监测仪器和设备；

3 固定观测人员；

4 在基本相同的环境和条件下工作。

6.1.6 监测项目初始值应在相关施工工序之前测定，并取不少于连续观测 3 次的稳定值的平均值。

6.1.7 基坑周边环境中的地铁、隧道等被保护对象的监测方法和监测精度应符合相关标准的规定以及主管部门的要求。

6.1.8 除使用本标准规定的监测方法外，亦可采用能达到本标准规定精度要求的其他方法。

6.2 人工监测方法

6.2.1 采用人工监测方法时，其主要技术要求及精度要求应符合现行国家标准《建筑基坑工程监测技术标准》GB 50497 的相关规定。

6.2.2 对基坑围护墙或边坡顶部、周边建筑及管线进行水平位移监测时，测定特定方向上的水平位移可采用视准线活动觇牌法、视准线测小角法、激光准直法等；测定监测点任意方向的水平位移时，视监测点的分布情况可采用极坐标法、交会法、自由设站法等。

6.2.3 对基坑围护墙或边坡顶部、立柱、周边地表、建筑、管线、道路进行竖向位移监测时，宜采用几何水准测量，也可采用三角高程测量或静力水准测量等方法。

6.2.4 对基坑围护结构或岩土体进行深层水平位移监测时，宜采用在围护墙体或岩土体中预埋测斜管，通过测斜仪观测各深度处水平位移的方法。

6.2.5 对基坑周边的建（构）筑物进行倾斜监测时，应根据现场观测条件和要求选用投点法、水平角观测法、前方交会法、垂准法、倾斜仪法和差异沉降法等方法。

6.2.6 对围护结构、地面及周边建筑进行裂缝监测时，应观测裂缝的位置、走向、长度、宽度，必要时还应监测裂缝深度。裂缝宽度监测宜在裂缝两侧贴埋标志，用千分尺、游标卡尺、数字裂缝宽度测量仪等直接量测，也可用裂缝计、粘贴安装千分表量测或摄影量测等；裂缝长度监测宜采用直接量测法；裂缝深度监测宜采用超声波法、凿出法等。

6.2.7 对围护墙内力、支撑轴力、立柱内力、围檩或腰梁内力进行监测时，宜采用安装在结构内部或表面的应力、应变传感器进行量测。

6.2.8 对围护墙或围护桩侧向土压力监测时，宜采用土压力计进行量测。

6.2.9 对基坑周围土体孔隙水压力监测时，宜采用钢弦式或应变式等孔隙水压力计进行量测。

6.2.10 对基坑内外地下水位监测时，宜采用钻孔内设置水位管或设置观测井，通过水位计进行量测。

6.2.11 对支护结构锚杆轴力监测时，宜采用锚索计、钢筋应力计或应变计进行量测，当使用钢筋束时宜监测每根钢筋的受力。

6.2.12 对土体分层竖向位移监测时，可通过埋设磁环式分层沉降标，采用分层沉降仪进行量测；或者通过埋设深层沉降标，采用水准测量方法进行量测；也可采用埋设多点位移计进行量测。

6.2.13 对基坑坑底隆起监测时，可通过钻孔埋设磁性沉降环或深层沉降标，采用水准测量方法进行量测。

6.2.14 对基坑爆破振动监测时，宜采用三矢量一体测振传感器对质子振动在水平径向、水平切向和垂直向进行量测。

7 自动化监测

7.1 一般规定

7.1.1 当符合下列条件之一时，宜实施自动化监测：

1 需要进行高频次或连续实时观测的监测项目；

2 环境条件不允许或不可能用人工方式进行观测的监测项目；

3 监测周期长，实施自动化监测经济性更合理的监测项目。

7.1.2 自动化监测的监测项目、范围、对象、测点布置、监测精度及预警指标、危险报警条件均应符合本标准的有关规定，并满足基坑工程设计要求。

7.1.3 自动化变形监测基准点、工作基点的设置应符合本标准第 6.1.1～第 6.1.3 条的规定，并应按期对其进行人工校准和修正。

7.1.4 基坑工程自动化监测方法应根据监测项目的精度要求、设备条件以及现场作业条件等确定。

7.1.5 实施自动化监测的基坑工程应具备比对测量的条件，比对测量的精度、频次应满足对现有监测数据的校验。

7.1.6 实施自动化监测项目初始值的采集应在系统调试且运行稳定后方可进行，并应同时采集人工监测数据进行比对。

7.1.7 自动化监测系统应具有广泛的兼容性，并便于模块化的升级和横向扩展。

7.2 系统的设计、安装和运维

7.2.1 基坑工程自动化监测系统宜由监测传感器模块、数据采集模块、信息传输模块、信息处理及反馈模块以及监控中心构成。

7.2.2 监测传感器应符合下列规定：

1 传感器的类型、量程和精度、灵敏度、频率响应特性、供电方式，信号输出方式、安装方式应满足监测需求。其中传感器的量程和精度尚应符合现行国家标准《建筑基坑工程监测技术标准》GB 50497、《工程测量标准》GB 50026 以及现行行业标准《建筑变形测量规范》JGJ 8 等的规定。

2 受温度影响明显的传感器应具备温度矫正芯片和具有温度矫正功能。当环境温度变化对监测结果产生影响时，应对环境温度进行同步监测并能对监测结果进行修正。

3 传感器的输入输出信号标准应开放，带通信接口的传感器宜采用 USB 等通用型接口类型，通信协议应开放或提供软件接口。

4 传感器应经过校准或标定，且校核记录和标定资料齐全。

7.2.3 数据采集模块应符合下列规定：

1 数据采集设备精度应满足监测要求，工作范围与各类传感器性能应相匹配。进行动态数据采集时，采集频率应大于被测信号最高频率分量的 2 倍。

2 应具有选测、按设定时间自动巡测和暂存数据功能。

3 应具有支持人工测量的功能及装置，能够实现在不影响自动化监测系统稳定运行条件下进行人工采集。

4 应具有电源管理、电池供电和掉电保护功能，蓄电池供电时间不应少于 72h。

7.2.4 信息传输模块应符合下列规定：

1 现场网络设备选择应和自动化监测系统网络结构相适应，可根据实际需要选择有线或无线形式，必要时应能支持多种有线、无线通组网方式并具备主信道和备用信道自动切换的功能。

2 当采用有线传输时，应通过 USB 和以太网口等接口进行传输。当有线传输为光纤传输时，应配备光电转换器件；当采用无线传输时，可采用公用无线广域网和专用无线局域通信网两种方式。

3 系统应满足数据传输可靠、通信稳定的要求，网络通信速率宜综合考虑现场网络的通信方式、现场网络环境条件等因素选定。

7.2.5 信息处理及反馈模块应符合下列规定：

1 具有对监测数据自动进行对比分析，并能够对监测项目变化趋势进行预测的功能。

2 具有自动检验监测结果是否超过预警值，并进行预警的功能。

3 具有对系统运行状态进行判别和预警的功能。

4 具备信息实时反馈和定时反馈的功能。

7.2.6 监控中心应符合下列规定：

1 机房、服务器、软件平台应满足自动化监测的需求。

2 具有实时显示系统运行状态、发布预警信息的功能。

3 具有实时显示各监测项目的监测结果、发布预警信息的功能。

7.2.7 在外部电源突然断电时，系统的后备电源设计运行时间不宜小于24h，使用太阳能供电时不宜小于72h。

7.2.8 系统电源、数据自动采集设备、网络通信、监控中心机房等宜独立设置防雷装置，并可靠接地，接地电阻不应大于4Ω。

7.2.9 自动化监测系统的安装、调试及验收应按工程设计文件进行，过程中应对设计变更、调试及验收等进行记录。

7.2.10 自动化监测系统应定期进行检查和测试，系统维护应满足下列要求：

1 每日应向现场终端发送采集监测信息命令。

2 每日应进行1次系统通信测试。

3 每周应进行系统运行日志整理。

4 每月应检查数据库使用情况，并应对硬盘进行扩充。

5 定期对系统功能进行检查、检验。

7.3 自动化监测方法

7.3.1 水平位移监测包括围护结构顶部、周边建筑、周边管线的水平位移观测，可采用智能型全站仪、激光位移计等进行量测。水平位移自动化监测应满足下列要求：

　　1 工作基点宜设置观测墩，并配备强制对中装置。

　　2 智能型全站仪自动化监测系统宜有自动剔除粗差、漏点补测、超限重测的功能。

　　3 当采用多测站全站仪观测或使用多台激光位移计联合组网观测时，相邻测站应有共用的监测目标。

　　4 激光位移计监测可采用直接测量法和累计联测法。激光光路应高于地面，且不小于0.2m；激光装置应配备自平衡装置，应确保激光光路不受地面或结构倾斜的干扰。

　　5 智能型全站仪架设处宜设置有电子气温气压计、定位控制系统、通信系统、不间断供电系统等配套设备。

7.3.2 竖向位移监测包括围护墙或边坡顶部、立柱、周边地表、建筑、管线、道路的竖向位移观测，可采用智能型全站仪三角高程法或液体静力水准法等进行量测。竖向位移自动化监测应满足下列要求：

　　1 基准点的数量不应少于3个，基准点之间应形成闭合环；工作基点与基准点之间应便于联测。

　　2 采用智能型全站仪进行监测时，宜与水平位移监测同步进行；后视点及前视点的布置、视线高度、测量方法均应符合现行行业标准《建筑变形测量规范》JGJ 8 的相关规定。

　　3 采用液体静力水准测量方法进行监测时，安装前应进行测量放线，同一条路线中的基准点及监测点设备液面高差应小于设备量程的1/2；安装时应排空连通管内空气；在0℃以下寒冷环境下应对连通管液体加注防冻液；监测过程中应对静力水准设备定期巡检和维护保养。

7.3.3 深层水平位移监测包括围护墙深层水平位移、土体深层水平位移监测，可采用固定式自动测斜仪、滑动式自动测斜仪等进行监测。深层水平位移自动化监测应满足下列要求：

1 滑动式自动测斜仪宜具有自检、防拆预警、远程控制数据溯源等功能，在触发预警值时应能进行自主同位检测与分析验证。

2 固定式自动测斜仪应具有同轴双向测量能力；测斜仪探头的安装方向应保持一致；测斜管中的探头位置不应产生滑动；安装完毕的测斜仪应自由悬挂在测斜管中。

3 深层水平位移计算时，应确定起算点。当以管口作为深层水平位移的起算点时，每次监测均应测定管口坐标变化并修正。

4 采用自动测斜仪进行监测时，监测数据应能够反映监测深度范围内管形变化。采用固定式测斜仪时，监测探头布置需完整覆盖整条测斜管；采用滑动式测斜仪时，竖向测点间距不应大于0.5m。

7.3.4 建筑倾斜自动化监测可采用倾角计、自动全站仪、静力水准仪等进行量测。建筑倾斜自动化监测应满足下列要求：

1 倾角计安装应明确安装的倾斜方向，并详细记录相关属性信息数据，包括测点间距、监测对象高度等有关属性特征数据。

2 使用静力水准仪进行倾斜观测时，应满足本标准7.3.2相关要求。在埋入建（构）筑物内部时应采用双通液管形式；安装完成后应检查设备的密封状态，无液体渗出方可进行下一步操作。

7.3.5 支护结构内力自动化监测宜包括围护墙内力、支撑轴力、立柱内力、围檩或腰梁内力监测等。支护结构内力自动化监测可采用钢筋计、混凝土应变计、表面应变计等设备进行监测。支护结构内力自动化监测应满足下列要求：

1 结合自动化采集传输模块进行量测。

2 应考虑温度变化对内力监测结果的影响。支撑轴力自动化监测应同时监测支撑温度，轴力监测和温度监测应设在同一测点处，二者应同时进行数据采集。

7.3.6 锚杆和土钉的内力自动化监测可采用测力计、钢筋计、应变计或锚索计等设备结合自动化采集传输模块进行量测。

7.3.7 裂缝自动化监测宜包括周边建筑裂缝、地表裂缝、支护结构构件裂缝监测等，应对裂缝的宽度进行观测，并对其位置、走向、长度进行标注，必要时应监测裂缝深度。裂缝宽度自动化监测可采用裂缝计或位移计进行量测，其最大量程应满足监测对象的变化需要。

7.3.8 土压力自动化监测宜采用土压力计结合自动化采集传输模块进行量测。土压力计最大量程应满足监测对象的变化需要；土压力计埋设后应立即进行检查测试，基坑开挖前应至少经过1周时间的监测并取得稳定初始值。

7.3.9 孔隙水压力自动化监测宜采用孔隙水压力计结合自动化采集传输模块进行量测。孔隙水压力计最大量程应满足监测对象的变化需要；孔隙水压力计埋设后应测量初始值，并取得稳定初始值；监测孔隙水压力应同时监测附近的地下水位。

7.3.10 地下水位自动化监测可采用水位计结合自动化采集传输模块进行量测。水位计的最大量程应满足地下水位的变化需要；监测设备宜在基坑预降水前至少1周埋设，并逐日连续观测水位至取得稳定初始值。

7.3.11 比对测量应满足下列要求：

1 比对测量周期应视基坑支护结构安全等级、周边环境风险等级等情况确定。

2 当检查发现传感器移位、监测结果异常、重要施工节点或特殊施工方法实施时，应进行比对测量。

3 比对测量的方法、设备、精度应满足现行标准的相关要求。

7.3.12 基坑工程施工和使用期内，在进行自动化监测的同时应进行巡视检查；自动化监测系统应具有支持施工巡查记录的功能和对巡查异常情况进行预警的功能。

8 监 测 频 率

8.0.1 监测频率的确定应满足能系统反映监测对象所测项目的重要变化过程而又不遗漏其变化时刻的要求。

8.0.2 监测工作应贯穿于基坑工程和地下工程施工全过程。监测工作应从基坑工程施工前开始，直至地下工程完成基坑回填为止。对有特殊要求的基坑周边环境的监测应根据需要延续至变形趋于稳定后结束。

8.0.3 仪器监测频率应符合下列规定：

1 应综合考虑基坑支护、基坑及地下工程的不同施工阶段以及周边环境、自然条件的变化和当地经验而确定；

2 对于应测项目，在无异常和无事故征兆的情况下，开挖后人工仪器监测频率可按表8.0.3的规定确定；

3 当基坑支护结构监测值相对稳定，开挖工况无明显变化时，可适当降低对支护结构的监测频率；

4 当基坑支护结构、地下水位监测值相对稳定时，可适当降低对周边环境的监测频率。

表8.0.3 人工仪器监测的监测频率

基坑设计安全等级	施工进程		监测频率
一级	开挖深度 h	$\leqslant H/3$	1次/(2～3) d
		$H/3～2H/3$	1次/(1～2) d
		$2H/3～H$	(1～2) 次/1d
	底板浇筑后时间 (d)	$\leqslant 7$	1次/1d
		$7～14$	1次/3d
		$14～28$	1次/5d
		>28	1次/7d

续表 8.0.3

基坑设计安全等级	施工进程		监测频率
二级	开挖深度 h	≤H/3	1 次/3d
		H/3～2H/3	1 次/2d
		2H/3～H	1 次/1d
	底板浇筑后时间 (d)	≤7	1 次/2d
		7～14	1 次/3d
		14～28	1 次/7d
		>28	1 次/10d

注：1 H—基坑设计深度；h—基坑开挖深度。

2 支撑结构开始拆除到拆除完成后 3 天内监测频率加密为 1 次/1d。

3 基坑工程施工至开挖前的监测频率视具体情况确定。

4 当基坑设计安全等级为三级时，监测频率可视具体情况适当降低。

5 宜测、可测项目的仪器监测频率可视具体情况适当降低。

8.0.4 正常情况下自动化监测项目的监测频率不应低于本标准规定的人工仪器监测频率的 2 倍且在监测时间段分布均匀。监测结果达到预警或报警条件时，自动化监测系统应能立即自动调整监测频率，加密监测。

8.0.5 当出现下列情况之一时，应提高监测频率：

1 监测值达到预警值；

2 监测值变化较大或者速率加快；

3 存在勘察未发现的不良地质状况；

4 超深、超长开挖或未及时加撑等违反设计工况施工；

5 基坑及周边大量积水、长时间连续降雨、市政管道出现泄漏；

6 基坑附近地面荷载突然增大或超过设计限值；

7 支护结构出现开裂；

8 周边地面突发较大沉降或出现严重开裂；

9 邻近建筑突发较大沉降、不均匀沉降或出现严重开裂；

10 基坑底部、侧壁出现管涌、渗漏或流砂等现象；

11 膨胀土、湿陷性黄土等水敏性特殊土基坑，出现防水、排水等防护设施损坏，开挖暴露面有被水浸湿的现象；

12 高灵敏性软土基坑受施工扰动严重、支撑施作不及时、有软土侧壁挤出、开挖暴露面未及时封闭等异常情况；

13 出现其他影响基坑及周边环境安全的异常情况。

8.0.6 爆破振动监测频率应根据爆破规模及被保护对象的重要性确定。首次爆破时，对所需监测的周边环境对象均应进行爆破振动监测，以后应根据第一次爆破监测结果并结合环境监测对象特点确定监测频率。对于重要的爆破或重点保护对象每次爆破均应进行跟踪监测。

8.0.7 当出现可能危及工程及周边环境安全的事故征兆时，应实时跟踪监测。

9 监 测 预 警

9.0.1 监测方应根据监测成果对基坑及周边环境工作状态做出正常、异常或危险的分析判断。当出现异常工作状态时应进行异常预警；当出现危险工作状态时应进行危险报警。

9.0.2 基坑支护结构、周边环境的安全和变形控制应满足下列要求：

1 保证基坑的稳定；

2 保证地下结构的正常施工；

3 对周边既有建筑引起的变形不得影响其正常使用且不得超过相关技术标准的要求；

4 保证周边管线、道路、轨道交通等市政设施的安全及正常使用；

5 满足特殊环境的技术要求。

9.0.3 监测预警值应满足基坑支护结构、周边环境的变形和安全控制要求。监测预警值应由基坑工程设计方确定。

9.0.4 变形监测预警值应包括监测项目的累计变化预警值和变化速率预警值。

9.0.5 基坑及支护结构监测预警值应根据基坑设计安全等级、工程地质条件、设计计算结果及当地工程经验等因素确定；当无当地工程经验时，土质基坑可按表9.0.5的规定确定。

表 9.0.5 土质基坑及支护结构监测预警值

序号	监测项目	支护类型	基坑设计安全等级								
			一级			二级			三级		
			累计值		变化速率 (mm/d)	累计值		变化速率 (mm/d)	累计值		变化速率 (mm/d)
			绝对值 (mm)	相对基坑深度H控制值		绝对值 (mm)	相对基坑深度H控制值		绝对值 (mm)	相对基坑深度H控制值	
1	围护墙(边坡)顶部水平位移	土钉墙、复合土钉墙、锚喷支护、水泥土墙	30~40	0.3%~0.4%	3~5	40~50	0.5%~0.8%	4~5	50~60	0.7%~1.0%	5~6
		灌注桩、地下连续墙、钢板桩、型钢水泥土墙	20~30	0.2%~0.3%	2~3	30~40	0.3%~0.5%	2~4	40~60	0.6%~0.8%	3~5
2	围护墙(边坡)顶部竖向位移	土钉墙、喷锚支护、复合土钉墙	20~30	0.2%~0.4%	2~3	30~40	0.4%~0.6%	3~4	40~60	0.6%~0.8%	4~5
		水泥土墙、型钢水泥土墙	—	—	—	30~40	0.6%~0.8%	3~4	40~60	0.8%~1.0%	4~5
		灌注桩、地下连续墙、钢板桩	10~20	0.1%~0.2%	2~3	20~30	0.3%~0.5%	2~3	30~40	0.5%~0.6%	3~4

续表 9.0.5

序号	监测项目	支护类型	基坑设计安全等级								
			一级			二级			三级		
			累计值		变化速率(mm/d)	累计值		变化速率(mm/d)	累计值		变化速率(mm/d)
			绝对值(mm)	相对基坑深度H控制值		绝对值(mm)	相对基坑深度H控制值		绝对值(mm)	相对基坑深度H控制值	
3	深层水平位移	复合土钉墙	40~60	0.4%~0.6%	3~4	50~70	0.6%~0.8%	4~5	60~80	0.7%~1.0%	5~6
		型钢水泥土墙	—	—	—	50~60	0.6%~0.8%	4~5	60~70	0.7%~1.0%	5~6
		钢板桩	50~60	0.6%~0.7%	2~3	60~80	0.7%~0.8%	3~5	70~90	0.8%~1.0%	4~5
		灌注桩、地下连续墙	30~50	0.3%~0.4%		40~60	0.4%~0.6%		50~70	0.6%~0.8%	
4	立柱竖向位移		20~30	—	2~3	20~30	—	2~3	20~40	—	2~4

32

续表 9.0.5

序号	监测项目	支护类型	基坑设计安全等级								
			一级			二级			三级		
			累计值		变化速率 (mm/d)	累计值		变化速率 (mm/d)	累计值		变化速率 (mm/d)
			绝对值 (mm)	相对基坑深度 H 控制值		绝对值 (mm)	相对基坑深度 H 控制值		绝对值 (mm)	相对基坑深度 H 控制值	
5	地表竖向位移		25~35	—	2~3	35~45	—	3~4	45~55	—	4~5
6	坑底隆起（回弹）		累计值 30mm~60mm，变化速率 4mm/d~10mm/d								
7	支撑轴力		大于 $(60\%\sim80\%)f_2$ 小于 $(80\%\sim100\%)f_y$			大于 $(70\%\sim80\%)f_2$ 小于 $(80\%\sim100\%)f_y$			大于 $(70\%\sim80\%)f_2$ 小于 $(80\%\sim100\%)f_y$		
8	锚杆轴力										
9	土压力		$(60\%\sim70\%)f_1$			$(70\%\sim80\%)f_1$			$(70\%\sim80\%)f_1$		
10	孔隙水压力										
11	围护墙内力		$(60\%\sim70\%)f_2$			$(70\%\sim80\%)f_2$			$(70\%\sim80\%)f_2$		
12	立柱内力										

注：
1 H—基坑设计深度；f_1—荷载设计值；f_2—构件承载能力设计值；f_y—钢支撑、锚杆预加力设计值。
2 累计值取绝对值和相对基坑深度（H）控制值两者的小值。
3 当监测项目的变化速率达到表中规定速率值或连续 3 次超过该值的 70%，应预警。
4 底板完成后，监测项目的位移变化速率不宜超过表中速率预警值的 70%。

9.0.6 基坑周边环境监测预警值应根据监测对象主管部门的要求或建筑检测报告的结论确定，当无具体控制值时，可按表9.0.6的规定确定。

表9.0.6 基坑工程周边环境监测预警值

监测对象 \ 项目			累计值（mm）	变化速率（mm/d）	备注
1	地下水位变化		1000～2000（常年变幅以外）	500	—
2	管线位移	刚性管道 压力	10～20	2	直接观察点数据
		刚性管道 非压力	10～30	2	
		柔性管线	10～40	3～5	—
3	邻近建筑位移		小于建筑物地基变形允许值	2～3	—
4	邻近道路路基沉降	高速公路、道路主干	10～30	3	—
		一般城市道路	20～40	3	
5	裂缝宽度	建筑结构性裂缝	1.5～3（既有裂缝）0.2～0.25（新增裂缝）	持续发展	—
		地表裂缝	10～15（既有裂缝）1～3（新增裂缝）	持续发展	—

注：1 建筑整体倾斜度累计值达到2/1000或倾斜速度连续3天大于0.0001H/天（H为建筑承重结构高度）时应预警。

2 建筑物地基变形允许值应按照现行国家标准《建筑地基基础设计规范》GB 50007有关规定取值。

9.0.7 确定基坑周边建筑、管线、道路预警值时，应保证其原有沉降或变形值与基坑开挖、降水造成的附加沉降或变形值叠加后不应超过其允许的最大沉降或变形值。

9.0.8 爆破振动监测项目预警值应综合考虑保护对象的重要性以及工程质量、结构性状、地基及围岩条件、自振频率等因素确定，且监测对象质点振动速度预警值应小于现行国家标准《爆破安全规程》GB 6722 规定的相应爆破振动安全允许标准。

9.0.9 监测数据达到监测预警值时，应立即预警，通知建设方及有关各方及时分析原因并采取相应措施。

9.0.10 当出现下列情况之一时，应立即进行危险报警，并应通知有关各方对基坑支护结构和周边环境保护对象采取应急措施。

1 基坑支护结构的位移值突然明显增大。

2 基坑出现流砂、管涌、隆起、陷落等。

3 基坑支护结构的支撑或锚杆内力监测值达到构件承载能力设计值的 90%；或者支撑或锚杆体系出现过大变形、压屈、断裂、松弛或拔出的迹象。

4 基坑周边建筑的结构部分出现危害结构的变形裂缝。

5 基坑周边地面出现较严重的突发裂缝或地下空洞、地面下陷。

6 基坑周边管线变形突然明显增长或出现裂缝、泄漏等。

7 出现基坑工程设计方提出的其他危险报警情况，或根据当地工程经验判断，出现其他应进行危险报警的情况。

10 数据处理与信息反馈

10.0.1 监测单位应对整个项目的监测方案实施以及监测技术成果的真实性、可靠性负责，监测技术成果应有相关负责人签字，并加盖成果章。

10.0.2 现场监测资料宜包括外业观测记录、巡视检查记录、记事项目以及视频及仪器电子数据资料等。现场监测资料的整理应符合下列规定：

1 外业观测值和记事项目应真实完整，并应在现场直接记录在观测记录表中；任何原始记录不得涂改、伪造和转抄。采用电子方式记录的数据，应完整存储在可靠的介质上。

2 监测记录应有相应的工况描述。

3 使用正式的监测记录表格。

4 监测记录应有相关责任人签字。

10.0.3 取得现场监测资料后，应及时进行整理、分析。监测数据出现异常时，应分析原因，必要时应进行复测。

10.0.4 监测项目的数据分析应结合施工工况、地质条件、环境条件以及相关监测项目监测数据的变化进行，并对其发展趋势做出预测。

10.0.5 数据处理、成果图表及分析资料应完整、清晰。监测数据的处理与信息反馈宜利用监测数据处理与信息管理系统专业软件或平台，其功能和参数应符合本标准的有关规定，并宜具备数据采集、处理、分析、查询和管理一体化以及监测成果可视化的功能。

10.0.6 技术成果应包括当日报表、阶段性分析报告和总结报告。技术成果提供的内容应真实、准确、完整，并宜用文字阐述与绘制变化曲线或图形相结合的形式表达。技术成果应按时报送。

10.0.7 当日报表应包括下列内容：

1 当日的天气情况和施工现场的工况；

2 仪器监测项目各监测点的本次测试值、单次变化值、变化速率以及累计值等，必要时绘制有关曲线图；

3 巡视检查的记录；

4 对监测项目应有正常或异常以及危险的判断性结论；

5 对达到或超过监测预警值的监测点应有预警标示，并有分析和建议；

6 对巡视检查发现的异常情况应有详细描述，危险情况应有报警标示，并有分析和建议；

7 其他相关说明。

10.0.8 阶段性报告应包括下列内容：

1 该监测阶段相应的工程、气象及周边环境概况；

2 该监测阶段的监测项目及测点的布置图；

3 各项监测数据的整理、统计及监测成果的过程曲线；

4 各监测项目监测值的变化分析、评价及发展预测；

5 相关的设计和施工建议。

10.0.9 总结报告应包括下列内容：

1 工程概况；

2 监测依据；

3 监测项目；

4 监测点布置；

5 监测设备和监测方法；

6 监测频率；

7 监测预警值；

8 各监测项目全过程的发展变化分析及整体评述；

9 项目施工工况及异常情况描述；

10 监测工作结论与建议。

本标准用词说明

1 为便于在执行本标准条文时区别对待，对于要求严格程度不同的用词说明如下：

    1）表示很严格，非这样做不可的：

        正面词采用"必须"，反面词采用"严禁"。

    2）表示严格，在正常情况下均应这样做的：

        正面词采用"应"，反面词采用"不应"或"不得"。

    3）表示允许稍有选择，在条件许可时首先应这样做的：

        正面词采用"宜"，反面词采用"不宜"。

    4）表示有选择，在一定条件下可以这样做的，采用"可"。

2 条文中指明应按其他有关标准执行的写法为"应符合……规定"或"应按……执行"。

引用标准名录

1 《建筑与市政地基基础通用规范》GB 55003
2 《建筑地基基础设计规范》GB 50007
3 《工程测量标准》GB 50026
4 《建筑边坡工程技术规范》GB 50330
5 《建筑基坑工程监测技术标准》GB 50497
6 《爆破安全规程》GB 6722
7 《建筑变形测量规范》JGJ 8
8 《建筑基坑支护技术规程》JGJ 120

山东省工程建设标准

建筑与市政基坑工程监测
技术标准

DB37/T 5313－2025

条 文 说 明

编 制 说 明

《建筑与市政基坑工程监测技术标准》DB37/T 5313－2025 经山东省住房和城乡建设厅、山东省市场监督管理局 2025 年 2 月 5 日以第 7 号公告批准发布。

本标准是在原山东省工程建设标准《建筑基坑工程监测技术规范》DBJ14－024－2004 的基础上修订完成的。《建筑基坑工程监测技术规范》DBJ 14－024－2004 主编单位是济南大学，主要参编单位有济南市第二建筑工程总公司、胜利油田胜利工程建设（集团）有限责任公司、山东省建筑工程监理公司，参编单位有济南工程职业技术学院、济南四建集团。主编是刘俊岩，主要起草人员有（按姓氏笔画为序）：王庆水、王美林、王雪广、刘俊岩、张波、郑立志、曹怀武、裴现勇。参编人员有（按姓氏笔画为序）：马振民、车滨、申福亮、任锋、刘永强、孙洪霞、李进、李虚进、宋立新、赵梅富、段长源、徐尧、黄涛。

本标准在修订过程中，编制组经广泛调查研究，总结了近年来基坑工程监测实践经验，吸收了国内外相关科技成果，并参考了国内相关标准。编制组向国内勘察、设计、施工、监测及建设单位的专家征求了意见，对这些意见进行了认真的整理、分析，最终修订完成了本标准。

为便于广大勘察、设计、施工、监测以及建设单位等有关人员在使用本标准时能正确理解和执行条文规定，《建筑与市政基坑工程监测技术标准》编制组按章、节、条顺序编制了本标准的条文说明，对条文规定的目的、依据以及执行中需要注意的有关事项进行了说明。但是，本条文说明不具备与标准正文同等的法律效力，仅供使用者作为理解和把握标准规定的参考。

目　　次

1 总 则

1.0.1 本条文为修改的条文。在原建筑基坑工程的基础上，本次修订增加了对市政基坑工程的监测要求。

进入 21 世纪以来我国城市建设发展很快，尤其是轨道交通、地下综合管廊、地下综合体、地下人防以及高层建筑地下车库等得到了迅猛发展，基坑工程的重要性逐渐被人们所认识，基坑工程设计、施工技术水平也随着工程经验的积累不断提高。但是在基坑工程实践中，发现工程的实际工作状态与设计工况往往存在一定的差异，设计值还不能全面而准确地反映工程的各种变化，所以在理论分析指导下有计划地进行现场工程监测就显得十分必要。

造成设计值与实际工作状态差异的主要原因是：

（1）地质勘察所获得的数据还很难准确代表岩土层的全面情况。

（2）基坑工程设计理论和方法还不够完善，对岩土体和支护结构分析采用的计算假定、本构模型以及设计参数等与实际情况相比可能存在不同程度的近似性和偏差。

（3）施工过程中，支护结构的受力和变形是一个动态变化的过程，加之地面荷载的变化（如瞬态荷载）、超挖等偶然因素的发生，使得结构荷载作用时间和影响范围难以预料，出现施工工况与设计工况不一致的情况。

基于上述情况，基坑工程的设计计算虽能大致反映正常施工条件下支护结构以及相邻周边环境的变形规律和受力范围，但仍需在基坑工程期间开展严密的现场监测，才能保证基坑及周边环境的安全，保证建设工程的顺利进行。归纳起来，开展基坑工程现场监测的目的主要为：

（1）为信息化施工提供依据。通过监测随时掌握岩土层和支护结构内力、变形的变化情况以及周边环境中各种建筑、设施的变形情况，将监测数据与设计值进行对比、分析，以判断前步施工是否符合预期要求，确定和优化下一步施工工艺和参数，以此达到信息化施工的目的，使得监测成果成为现场施工工程技术人员做出正确判断的依据。

（2）为基坑周边环境中的建筑、各种设施的保护提供依据。通过对基坑周边建筑、管线、道路等的现场监测，验证基坑工程环境保护方案的正确性，及时分析出现的问题并采取有效措施，以保证周边环境的安全。

（3）为优化设计提供依据。基坑工程监测是验证基坑工程设计的重要方法，设计计算中未曾考虑或考虑不周的各种复杂因素，可以通过对现场监测结果的分析、研究，加以局部的修改、补充和完善，因此基坑工程监测可以为动态设计和优化设计提供重要依据。

（4）监测工作还是发展基坑工程设计理论的重要手段。基坑工程监测应做到可靠性、技术性和经济性的统一。监测方案应以保证基坑及周边环境安全为前提，以监测技术的先进性为保障，同时也要考虑监测方案的经济性。在保证监测质量的前提下，降低监测成本，达到技术先进性与经济合理性的统一。

基坑工程监测涉及建设单位、设计单位、施工单位和监理单位等，本标准不只是规范监测单位的监测行为，其他相关各方也应遵守和执行本标准的规定。

1.0.2 本条为修改的条文。本条是对本标准适用范围的界定，新增对特殊土基坑监测的规定。本标准适用于建（构）筑物地下工程开挖形成的基坑以及基坑开挖影响范围内的建（构）筑物及各种设施、管线、道路等监测。

对于膨胀土、湿陷性黄土以及高灵敏性软土等特殊土和侵蚀性环境的基坑及周边环境监测，尚应结合地方性法规、标准及当地工程经验开展监测工作。侵蚀性环境是指基坑所处的环境（土质、水、空气）中含有对基坑支护材料（如钢材等）产生较严重腐蚀的成分，直接影响材料的正常使用及安全性能。

1.0.3 本条为原标准条文。影响基坑工程监测的因素很多，主要有：

    1 基坑工程设计与施工方案；

    2 建设场地的岩土工程条件，包括岩土条件、环境条件等；

    3 邻近建（构）筑物、设施、管线、道路等的现状及使用状态；

    4 施工工期；

    5 气候条件；

    6 作业条件。

基坑工程监测要求综合考虑以上因素的影响，制定合理的监测方案，方案经审批后，由监测单位组织和实施监测。

1.0.4 本条为原标准条文。基坑工程需要遵守的标准有很多，本标准只是其中之一；另外，国家现行标准中对基坑工程监测也有一些相关规定，因此本条规定除遵守本标准外，基坑工程监测尚应符合国家现行有关标准的规定。与本标准有关的国家现行标准主要有：

    1 《建筑与市政地基基础通用规范》GB 55003

    2 《工程测量通用规范》GB 55018

    3 《爆破安全规程》GB 6722

    4 《建筑地基基础设计规范》GB 50007

    5 《工程测量标准》GB 50026

    6 《民用目建筑可靠性鉴定标准》GB 50292

    7 《城市轨道交通工程测量规范》GB/T 50308

    8 《建筑边坡工程技术规范》GB 50330

    9 《建筑基坑工程监测技术标准》GB 50497

    10 《城市轨道交通工程监测技术规范》GB 50911

    11 《建筑变形测量规范》JGJ 8

    12 《湿陷性黄土地区建筑基坑工程安全技术规程》JGJ 167

13 《建筑基坑支护技术规程》JGJ 120

14 《建筑深基坑工程施工安全技术规范》JGJ 311

15 《邻近铁路营业线施工安全监测技术规程》TB 10314

2 术　　语

　　本次修订补充了自动化监测系统、岩体基坑、土岩组合基坑、基坑设计安全等级、监测预警值、智能型全站仪、比对测量等专业术语，删除了锚杆、冠梁等常识性专业术语。对基坑、基坑工程监测、围护墙、监测频率等术语的表述做了适当的修改。

3 基 本 规 定

3.0.1 本条文为修改的条文。新增了对岩体基坑、土岩组合基坑实施监测的规定。

本条是对建筑与市政基坑工程监测实施范围的界定。基坑设计安全等级是由基坑工程设计方综合考虑基坑周边环境和地质条件的复杂程度、基坑深度等因素，按照基坑破坏后果的严重程度所划分的设计等级。基坑设计安全等级按照现行相关规范确定。土质基坑设计安全等级应按照国家行业标准《建筑基坑支护技术规程》JGJ 120 的相关规定进行划分；岩体基坑设计安全等级应按照国家标准《建筑边坡工程技术规范》GB 50330 的相关规定进行划分。

基坑支护结构以及周边环境的变形和稳定与基坑的开挖深度有关，相同条件下基坑开挖深度越深，支护结构变形或位移以及对周边环境的影响也越大。基坑设计安全等级为一、二级的基坑开挖深度大，一旦支护结构失效、岩土体变形或位移过大对周边环境、地下主体结构施工安全影响很严重，因此规定对一、二级基坑工程应进行监测。

基坑工程的安全性还与场地的岩土工程条件以及周边环境的复杂性密切相关。住房和城乡建设部办公厅关于实施《危险性较大的分部分项工程安全管理规定》有关问题的通知（建办质〔2018〕31 号）中规定：超过一定规模的危险性较大的深基坑是指"开挖深度超过 5m（含 5m）的基坑（槽）的土方开挖、支护、降水工程"。国内诸多省市关于深基坑工程的有关规定对深基坑都做出了相似的定义，并且规定深基坑工程应实施基坑工程监测。对深基坑及周边环境复杂的基坑工程实施监测是确保基坑及周边环境安全的重要措施，因此本条规定开挖深度大于等于

5m 的土质基坑、开挖深度大于等于 5m 的极软岩基坑、破碎的软岩基坑、极破碎的岩体基坑以及上部为土体、下部为极软岩、破碎的软岩、极破碎的岩体构成的土岩组合基坑均应实施基坑工程监测。对于岩体基坑、土岩组合基坑还要重点分析岩体的结构面产状,对岩体或土岩界面中存在软弱结构面且向坑内倾斜时,基坑上部有沿软弱结构面滑移的潜在危险,因此对存在的软弱结构面或土岩界面的岩体基坑、土岩组合基坑应实施基坑工程监测。

对基坑进行种类划分时,全风化岩应按土体考虑。

"开挖深度小于 5m 但现场地质情况和周围环境较复杂的基坑工程"的涵义是要求虽然基坑开挖深度没有达到 5m,但地质条件、周边环境(邻近建筑、道路、管线等)较复杂的基坑工程亦应实施监测。现场地质情况较复杂,指如基坑周边存在厚层有机质土、淤泥与淤泥质黏土、暗浜、暗塘、暗井、古河道;临近江、海、河边并有水力联系;存在渗透性较大的含水层并有承压水;基坑潜在滑塌范围内存在土岩软弱结构面、岩体结构面向坑内倾斜等情况。周围环境较复杂,指如基坑开挖和降水影响范围内存在城市轨道交通、输油、输气管道、共同沟、压力总水管、高压铁塔、历史文物、近代优秀建筑以及其他需要保护的建筑等情况。因岩土工程、周边环境的特殊性和不确定性,不可能将"较复杂"的现场地质情况和周围环境一一列出,实际工作中要具体问题具体分析,并应遵守相关的行业和部门管理规定。

3.0.2 本条文为修改的条文。由于基坑工程设计理论还不够完善,施工场地也存在着各种复杂因素的影响,基坑工程设计方案能否真实地反映基坑工程实际状况,只有在方案实施过程中才能得到最终的验证,其中现场监测是获得上述验证的重要和可靠手段,因此在基坑工程设计阶段应该由设计方提出对基坑工程进行现场监测的要求。由设计方提出的监测要求,并非一个很详尽的监测方案,但有些内容或指标应由设计方明确提出,例如:应该进行哪些监测项目的监测?监测频率和监测预警值是多少?只有这样，监测单位才能依据设计方的要求编制出合理的监测方案。

3.0.3 本条文为修改的条文。基坑工程监测既要保证基坑的安全，也要保证周边环境中建筑物、市政设施及文物等的安全与正常使用，涉及建设、设计、监理、施工以及周边有关单位等各方利益，建设单位是建设项目的第一责任主体，因此应由建设单位委托进行基坑工程监测。

基坑工程监测对技术人员的专业水平要求较高。要求监测数据分析人员要有岩土工程、结构工程、工程测量等方面的综合知识和较为丰富的工程实践经验。为了保证监测质量，国内外在监测管理方面开始走专业化的道路，实践证明，专业化有力地促进了监测工作和监测技术的健康发展。此外，实施第三方监测有利于保证监测的客观性和公正性，一旦发生重大环境安全事故或社会纠纷时，监测结果是责任判定的重要依据。因此本条规定基坑工程施工前，由建设方委托具备相应能力的第三方对基坑工程实施现场监测。第三方系指独立于建设方、施工方之外的监测单位。

第三方监测并不取代施工单位自身开展的必要的施工监测，施工单位在施工过程中仍应进行必要的施工监测。

考虑基坑工程监测的专业特点，为保证基坑工程监测工作的质量，基坑工程监测单位应同时具备岩土工程和工程测量两方面的专业能力。监测单位应具备承担基坑工程监测任务的相应设备、仪器及其他测试条件，应有经过专门培训的监测作业人员和数据分析人员、有必要的监测程序和审核制度等工作制度及其他管理制度。

3.0.4 本条文为修改的条文。本条提供了监测单位开展监测工作宜遵循的一般工作程序，并明确了提交监测日报、阶段性监测报告、监测总结报告的要求。现场踏勘除对施工场地的踏勘外，还包括对周边环境（周边建筑、管线、道路、桥梁、轨道交通设施以及河流、沟渠、山体等）进行调查。

3.0.5 本条文为原标准条文。监测单位通过了解建设单位和设计方对监测工作的技术要求，进一步明确监测目的，并以此做好编制监测方案前的各项准备工作。现场踏勘、搜集已有资料是准备工作中的一项重要内容。由于这项工作涉及方方面面的单位和人员，有些单位和个人同建设项目的关系属于近外层、远外层的关系，这就增加了完成这项准备工作的难度，在现场踏勘，搜集资料不全面的情况下，编制出的监测方案往往容易出现纰漏。例如，基坑支护设计计算工况、计算结果资料收集不全，支护结构的内力观测点的布设位置就难以把握；基坑周边管线的使用年限和老化程度调查不清，就难以准确地确定预警值。因此，监测单位应当积极争取有关各方的配合，认真完成这项准备工作。

本条对现场踏勘、资料搜集阶段工作提出了具体要求。为了正确地对基坑工程进行监测和评价，提高基坑监测工作的质量，做到有的放矢，应尽可能详细地了解和搜集有关的技术资料。另外，有时委托方的介绍和提出的要求是笼统地、非技术性的，也需要通过调查来进一步明确委托方的具体要求和现场实施的可行性。

本条的第3款要求监测单位了解相邻工程的设计和施工情况，比如相邻工程的打桩、基坑支护与降水、土方开挖情况和施工进度计划等，避免相互干扰与影响。

本条的第4款要求监测单位要进行现场踏勘，通过踏勘掌握相关资料与现场状况的符实情况。周边环境中各监测对象的布设和性状由于时间、工程变更等各种因素的影响有时会出现与原始资料不相符的情况，如果监测单位只是依照原始资料确定监测方案，可能会影响拟监测项目现场实施的可行性。

3.0.6 本条为修改的条文。监测方案是监测单位实施监测的重要技术依据和文件。为了规范监测方案、保证质量，本条概括出了监测方案所包括的12个主要方面。第1款工程概况中，除工程建筑及结构设计、工期、施工条件等介绍外，还应介绍建设场地工程地质条件、水文地质条件及周边环境状况。第5款基准点、工作基点、监测点的布设中，应明确测点布置图以及测点的保护措施。第 8 款监测人员配备应明确人员分工，使用的主要仪器设备应满足检定要求。

3.0.7 本条文为新增条文。周边环境各监测对象的状况资料包括：反映周边建筑、管线、道路、桥梁、地铁、人防等周边环境各监测对象位置及性状的相关资料。

3.0.8 本条为新增的条文。基坑开挖、降水、爆破可能对周边环境安全及正常使用产生不利影响，基坑工程设计方应根据基坑设计深度、支护结构选型、施工工法、地质条件以及周边环境条件等明确监测范围，一般从基坑边缘以外 1～3 倍基坑开挖深度范围内需要保护的周边环境作为监测对象。例如，当岩体基坑或土岩组合基坑存在不利外倾结构面时，监测范围不应小于基坑坡脚至不利外倾结构面与地面交线间的水平投影距离。采用施工降水时，应根据降水影响计算和当地工程经验预估地面沉降影响范围，以确定降水影响的监测范围。采用爆破开挖时，则应根据工程实际情况通过爆破试验确定监测范围。

3.0.9 本条文为修改的条文。本条将基坑工程现场监测的对象分为五大类。支护结构包括围护墙、支撑或锚杆、立柱、冠梁和围檩等；基坑及周边岩土体指的是基坑开挖影响范围内的坑内、坑外岩体、土体；地下水包括基坑内外原有水位、承压水状况、降水或回灌后的水位；周边建筑指的是在基坑开挖影响范围之内的建筑物、构筑物；周边管线及设施主要包括供水管道、排污管道、通讯、电缆、煤气管道、人防、地铁、隧道等，这些都是城市生命线工程；周边重要的道路是指基坑开挖影响范围之内的高速公路、国道、城市主要干道和桥梁等；此外，根据工程的具体情况，可能会有一些其他应监测的对象，由设计和有关单位共同确定。

3.0.10 本条文为修改的条文。基坑监测方法的选择应综合考虑各种因素，监测方法简便易行有利于适应施工现场条件的变化和施工进度的要求。

在满足监控精度要求和保证工程安全的前提下，应鼓励基坑工程现场监测的技术进步，以减轻劳动强度，提高工作效率，降低监测成本。自动化实时监测系统应采用性能稳定、技术成熟且经过工程实践检验的新设备、新技术、新方法。

3.0.11 本条是修改后条文。第三方监测单位拟定出监测方案后，提交监理单位或工程建设单位，建设单位应遵照建设主管部门的有关规定，组织设计、监理、施工、监测等单位讨论审定监测方案。当基坑工程影响范围内有重要的管线、道路桥梁、文物以及铁路、城市轨道交通等时，还应组织有相关主管单位参加的协调会议，监测方案经协商一致后，监测工作方能正式开始。必要时，应根据有关部门的要求，编制专项监测方案。

对超过一定规模的危险性较大的基坑工程监测方案应按规定进行专家论证为新增条文。本条对基坑工程监测方案的专门论证做出了规定。制定本条文的依据是住房和城乡建设部令第37号《危险性较大的分部分项工程安全管理规定》。超过一定规模的危险性较大的基坑工程是指："开挖深度超过5m（含5m）的基坑（槽）的土方开挖、支护、降水工程"。对基坑工程监测方案采用专门技术论证的方式可达到安全适用、技术先进、经济合理的良好效果。

3.0.12 本条文为新增的条文。监测单位应严格按照审定后的监测方案对基坑工程进行监测，不得任意减少监测项目、测点，降低监测频率。当在实施过程中，由于客观原因需要对监测方案作调整时，应按照工程变更的程序和要求，向建设单位提出书面申请，新的监测方案经审定后方可实施。

3.0.13 本条文为修改的条文。监测单位应严格依据监测方案进行监测，为基坑工程实施动态设计和信息化施工提供可靠依据。实施动态设计和信息化施工的关键是监测成果的准确、及时反馈，监测单位应建立有效的信息处理和信息反馈系统，将监测成果准确、及时地反馈到建设、监理、施工等有关单位。当监测数据达到监测预警值时监测单位应立即通报建设方及相关单位，以便建设单位和有关各方及时分析原因、采取措施。建设、施工等单位应认真对待监测单位的预警，以避免事故的发生。在这一方面，工程实践中的教训是很深刻的。

3.0.14 本条文为新增条文。监测期间，监测方应做好基准点、工作基点、监测点、传感器及导线等监测设施和元器件的保护。在整个基坑施工过程中，建设方及总包方等相关单位应协助监测单位做好保护工作，施工作业中不得破坏监测设施，保证测点的存活。

4 监 测 项 目

4.1 一 般 规 定

4.1.1 本条文为修改的条文。基坑工程监测是一个系统，系统内的各项目监测有着必然的、内在的联系。基坑在开挖过程中，其力学效应是从各个侧面同时展现出来的，例如支护结构的挠曲、支撑轴力、地表位移之间存在着相互间的必然联系，它们共存于同一个集合体，即基坑工程内。限于测试手段、精度及现场条件，某一单项的监测结果往往不能揭示和反映基坑工程的整体情况，必须形成一个有效的、完整的、与设计、施工工况相适应的监测系统并跟踪监测，才能提供完整、系统的测试数据和资料，才能通过监测项目之间的内在联系做出准确地分析、判断，为优化设计和信息化施工提供可靠的依据。当然，选择监测项目还必须注意控制费用，在保证监测质量和基坑工程安全的前提下，通过周密地考虑，去除不必要的监测项目；同时根据现场条件的变化动态确定监测对象，因此本条要求抓住关键部位，做到重点量测，各监测项目之间形成互为补充、互为验证的监测体系。

4.1.2 本条文为新增的条文。基坑工程监测包括巡视检查和仪器监测。仪器监测可以取得定量的数据，进行定量分析；以目测为主的巡视检查更加及时，可以起到定性、补充的作用，从而避免片面地分析和处理问题。例如观察周边建筑和地表的裂缝分布规律、判别裂缝的新旧区别等，对于分析基坑工程对邻近建筑的影响程度有着重要作用。基坑工程监测应采用仪器监测与巡视检查相结合的方法，多种监测方法互为补充、相互验证，以便及时、准确地分析、判断基坑及周边环境的状态。

4.2 仪器监测

4.2.1 本条文为修改的条文。表 4.2.1 列出了土质基坑工程仪器监测的项目，这些项目是经过大量工程调研并征询全国近二十个城市的百余名专家的意见，结合现行的有关标准，并考虑了我国目前基坑工程监测技术水平后提出的，是我国基坑工程发展近三十年来的经验总结。监测项目的选择既关系到基坑工程的安全，也关系到监测费用的多少。盲目减少监测项目很可能因小失大，造成严重的工程事故和更大的经济损失，得不偿失；随意增加监测项目也会造成浪费。对于一个具体工程必须始终把安全放在第一位，在此前提下可以根据基坑工程等级等有目的、有针对地选择监测项目。

本标准共列出了 19 项监测项目，主要反映的是监测对象的物理力学性能：受力和变形。对于同一个监测对象，这两个指标有着内在的必然联系，相辅相成，配套监测，可以帮助判断数据的真伪，做到去伪存真。

本条所指的坡体为基坑放坡开挖形成的坡体及土钉墙支护的坡体，围护墙包括了排桩、地下连续墙等围护墙。

考虑到围护墙（边坡）顶部水平位移、深层水平位移的监测是分别进行的，而且它们的监测仪器、方法都不同，因此标准本条将水平位移分为围护墙（边坡）顶部水平位移、深层水平位移两个监测项目。围护墙（边坡）顶部水平位移监测较为重要，对于三种等级的基坑工程都定为"应测"；深层水平位移监测可以描述出围护墙沿深度方向上不同点的水平位移曲线，并且可以及时地确定最大水平位移值及其位置，对于分析围护墙的稳定和变形发挥了重要的作用。因此一、二级基坑工程均应监测。由于深层水平位移的观测工作量较大，需要埋设测斜管，而且实际工程中，三级基坑观测深层水平位移的也不多，所以三级基坑采用"宜测"较为合适。

基坑围护墙（边坡）位移主要由顶部水平位移控制，顶部的竖向位移可以与水平位移相互印证，也是反映基坑安全的一个比较重要的指标。考虑到围护墙（边坡）顶部竖向位移的监测方法简便，本条规定对于顶部竖向位移，一级、二级、三级基坑均采用"应测"。

基坑开挖引起的卸荷回弹不可避免，开挖较深时基坑回弹量也较大。基坑坑底隆起会导致坑内立柱回弹，虽然立柱回弹值小于坑底土体隆起，但仍会影响水平支撑的稳定性，同时造成地下主体结构的应力重分布，从而影响地下建筑使用寿命。另一方面，过大的坑底隆起变形反映了较大的围护结构变形，对周围环境被保护对象产生不利影响。立柱竖向位移是引发支撑系统破坏的主要因素之一。对于混凝土支撑杆，表现为与墙体连接的杆端开裂、支撑杆与立柱联结节点附近开裂或断裂；对于钢支撑则是引发墙体、支撑杆、立柱之间联结节点失效，引起支撑系统失稳，导致墙体水平位移过大或基坑坍塌。因此，一、二级基坑工程立柱竖向位移均为"应测"，三级基坑采用"宜测"。

围护墙内力监测是防止支护结构发生强度破坏的一种较为可靠的监控措施，但由于内力分析较为清晰，调研过程中，许多专家认为一般围护墙体设计的安全储备较大，实际工程中发生强度破坏的现象很少，因此建议可适当降低监测要求。本条规定一级基坑围护墙内力监测采用"宜测"，二、三级基坑采用"可测"。

支撑内力监测以轴力为主，内支撑作为支护结构的主要承载构件，对保障基坑安全至关重要，因此，一、二级基坑此监测项目采用"应测"；一般三级基坑内支撑设计的安全储备较大，发生强度破坏的现象很少，因此本条规定对于三级基坑此监测项目采用"宜测"。

基坑开挖是一个卸荷的过程，随着坑内土的开挖，坑内外形成一个水土压力差，引起坑底土体隆起，进行底部隆起观测可以及时了解基坑整体的变形状况。但基坑隆起监测在现场实施起来较为困难，因此本条规定在必要时可进行该项目的监测。

对围护墙界面上的土压力和孔隙水压力监测的目的是了解实

际情况与设计值的差异，有利于进行反分析和施工控制，水、土压力可根据需要进行监测。

地下水是影响基坑安全的一个重要因素，且监测手段简单，本条规定对一、二级、三级基坑地下水位监测均为"应测"，当基坑开挖范围内有承压水的影响时，应进行承压水位的监测。

土体分层竖向位移的监测可以掌握土层中不同深度处土体的变形情况，同时可对坑外土体通过围护墙底部涌入坑内的不利情况提供预警信息，但其监测方法及仪器相对复杂，测点不宜保护，监测费用较高，因此，本条规定在必要时可进行该项目的监测。

周边地表竖向位移的监测对于综合分析基坑的稳定以及地层位移对周边环境的影响有很大帮助。该项目监测简便易行，本条规定对一、二级基坑为"应测"，三级基坑为"宜测"。

周边建筑的监测项目分别为竖向位移、倾斜和水平位移。基坑开挖后周边建筑竖向位移的反应最直接，监测也较简便，三个基坑等级该项目都定为"应测"；建筑的竖向位移（差异沉降）可间接地反映其倾斜状况，因此，对倾斜的监测一级基坑为"应测"，二、三级基坑分别为"宜测""可测"；周边建筑水平位移在实际工程中不常见，而且其发生量也较小，本条规定一级基坑该项目为"宜测"、二、三级基坑该项目为"可测"。

周边建筑裂缝、地表裂缝包括既有裂缝和新增裂缝，裂缝直接反映了周边建筑、地表的破坏程度。受基坑施工影响的新增裂缝均应实施监测。对既有裂缝应选取受基坑施工影响可能会进一步扩展，对建筑物结构安全和正常使用有影响的裂缝实施监测。裂缝的监测比较简单，对于各基坑工程安全等级该项目都定为"应测"。裂缝监测包括裂缝的宽度监测和深度监测，在基坑施工之前必须先进行现场踏勘，记录建筑已有裂缝的分布位置和数量，测定其走向、长度、宽度及深度，作为判断裂缝发展趋势的依据。

周边管线的变形破坏产生的后果很大，本条规定三个等级的基坑工程地下管线竖向位移都为"应测"。

4.2.2 本条文为新增的条文。岩体基坑是指岩石出露地面或岩体上覆盖少量土的基坑。区别于土质基坑的围护结构类型与施工方法，对岩体基坑的监测项目进行了一定调整。

岩体基坑支护形式主要为：放坡开挖、锚杆（包括岩石锚杆和土层锚杆）喷射混凝土支护简称锚喷支护、复合锚喷墙支护、预应力锚杆柔性支护（含预应力锚杆肋梁支护）等。

岩体具有难压缩、宜拉裂与剪切的特性，对 4 个地铁车站岩体基坑案例（覆盖层较薄的基坑）10 个桩顶竖向位移监测点进行数据分析（图 1）发现四个车站的围护桩顶竖向位移较小，离预警值较远，故对二、三级基坑将竖向位移监测调整为"宜测""可测"。

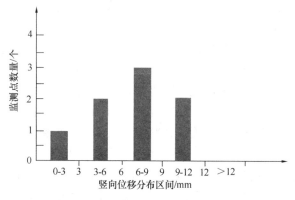

图 1　桩顶竖向位移数据统计

岩体基坑深层水平位移监测点通过钻孔布设，测斜管与岩体耦合性较差、监测准确度不高。对 20 余位专家进行调研，调研结果一致认为该测项对于岩体基坑变形的指导作用很小，同时钻孔成本亦很高，不建议监测。

预应力锚杆是岩体基坑主要围护结构，岩体发生变形或变形后，可从锚杆内力变化中直接得到体现，其内力变化对于岩体变形趋势判断具有直接的指导作用，故一级基坑应该进行重点监测。

相对于土质基坑，岩体基坑开挖过程中对周边岩土体引起的变形较小，对周边环境影响较弱。故对于二、三级岩体基坑的周边地表竖向位移、周边建筑物及管线竖向位移、周边建筑物与地表裂缝比土质基坑适当放松了要求。

4.2.3 本条文为新增的条文。土岩组合基坑是指开挖深度范围内基岩上覆盖有第四系土的基坑，呈现上部是土体，下部是岩体的组合坡体形式。为保证土岩组合基坑的科学监测，需要具体分析每个土岩组合基坑的特点，有针对性的选取监测项目。

土岩组合基坑的土岩分布，宜将全风化岩、强风化软岩按照土体考虑。土岩界面应充分考虑界面结合强弱、倾斜方向，以及岩体结构面情况，对于存在外倾土岩界面、岩体结构面的基坑上部土体应按照本标准 4.2.1 条规定重点监测。

土岩组合基坑中，当采用围护桩围护时，围护桩深度往往小于基坑开挖深度，围护桩嵌岩处岩体的变形情况决定了围护结构的稳定性，因此需对围护桩嵌岩处岩体的水平向位移进行重点监测。

4.2.4 本条文为新增的条文。爆破振动监测的目的一是防止基坑开挖爆破振动效应对基坑及周边建筑带来损害；二是避免爆破产生较大的噪声污染影响周边居民生活。由于基坑开挖爆破造成基坑坍塌、周围建筑物开裂等的事故屡见不鲜。岩体基坑、土岩组合基坑当采用爆破开挖时，需要根据基坑及周边环境情况合理控制振速，对爆破振动进行监测控制是非常有必要的。

爆破振动监测包括质点振动速度和加速度监测，两种监测方法均相对比较成熟，目前应用较多的是质点振动速度监测，通过对其大小、分布规律的监测，判断爆破振动对周边建（构）筑物、桥梁等的振动影响，为调整爆破参数、优化爆破设计提供依据。现行国家标准《爆破安全规程》GB 6722 也以爆破质点振动速度作为建（构）筑物是否破坏的主要判据。

4.3 巡 视 检 查

4.3.1 本条文为修改的条文。本条强调在基坑工程的施工和使用期内，应由有经验的监测人员每天对基坑工程进行巡视检查。基坑工程施工期间的各种变化具有时效性和突发性，加强巡视检查是预防基坑工程事故非常简便、经济而又有效的方法。

4.3.2 本条文为修改的条文。本条分五个方面列出了巡视检查的主要内容，这些项目的确定都是根据百余名基坑工程专家意见，结合工程实践总结出来的，具有很好的参考价值。在具体工程中可根据工程对象进行相关项目的巡视监测，也可补充新的巡视检查内容。

巡视围护桩成型质量时，除了巡视有无出现裂缝、夹泥、露筋，还要注意侵限支护桩的凿除是否导致桩体露筋、断筋现象，有时桩体垂直度偏差较大，甚至侵限，从而导致在主体结构施工期间对侵限部位进行凿除，凿除后出现露筋，严重时出现主筋被切断的现象。破坏了桩的完整性，使得桩体承载力减小，存在安全隐患。

邻近基坑的施工变化往往会被忽视，例如邻近基坑的堆载、开挖、降水、封井、回灌、拆撑、工程桩施作等情况的变化都可能对本基坑的监测及安全产生影响。基坑附近存在湖泊、河流、水库等水体时，一定要调查清楚基坑与水体是否存在水力联系。附近有山体时，雨季施工还有特别注意巡视邻近的泄洪通道雨水排泄变化情况。

增加自动化系统工作状态的巡视内容。例如：静力水准装置如有密封不佳，联通液蒸发，会影响监测数据质量；设备电池供电不足等也会影响监测数据。

4.3.4 本条文为新增的条文。对于岩体基坑、土岩组合基坑而言在现场巡视时记录岩体结构面的发育程度、主要结构面的产状、是否存在控制性结构面等尤为重要。若在巡视中发现存在发育范围较大、对基坑稳定性具有较大影响结构面或者软弱夹层，则需要对比地勘报告，若出入较大需要及时反馈，为设计变更提供支撑。

爆破是岩体基坑、土岩组合基坑开挖主要方法之一，每次爆破前后对基坑自身及周边环境进行现场巡视是必要的，否则不利于危险情况的及时发现。对于土岩组合基坑而言，当上部土体采用排桩支护，排桩需嵌入下部岩体中一定深度，对于该种支护结构，其稳定性很大程度上依赖于岩体顶部（岩肩处）岩体的完整性，施工过程中关注岩肩岩体的完整性和稳定性至关重要。

4.3.5 本条文为原标准的条文。巡视检查主要以目测为主，配以简单的工器具，这样的检查方法速度快、周期短，可以及时弥补仪器监测的不足。

对于既有建筑、轨道交通等重要设施有无新增裂缝的巡查，采用目测方法通常容易出现错漏、误判等问题，可采用三维激光扫描技术，高度还原现场三维影像和变化信息，可信度较高。

4.3.6 本条文为修改的条文。各巡视检查项目之间大多存在着内在的联系，对各项目的巡视检查结果都必须做好详细的记录，从而为基坑工程监测分析工作提供完整的资料。通过巡视检查和仪器监测，可以把定性、定量结合起来，更加全面地分析基坑的工作状态，做出正确的判断。

巡视检查的任何异常情况都可能是事故发生的预兆，必须引起足够重视，发现问题要及时分析，必要时加密监测频率。当存在威胁工程及周边环境安全的可能时，及时汇报给建设方及相关单位，以便尽早做出判断和进行处理，避免引起严重后果。

5 监测点布置

5.1 一般规定

5.1.1 本条文为修改的条文。测点的位置应尽可能地反映监测对象的实际受力、变形状态,以保证对监测对象的状况做出准确的判断。在监测对象内力和变形变化大的代表性部位及周边环境重点监护部位,监测点应适当加密,以便更加准确地反映监测对象的受力和变形特征。

影响监测费用的主要方面是监测项目的多少、监测点的数量以及监测频率的大小。基坑工程监测点的布置首先要满足对监测对象监控的要求,这就要求必须保证一定数量的监测点。但不是测点越多越好,基坑工程监测一般工作量比较大,又受人员、光线、仪器数量的限制,测点过多、当天的工作量过大会影响监测的质量,同时也增加了监测费用。

5.1.2 测点标志不应妨碍结构的正常受力、降低结构的变形刚度和承载能力,这一点尤其是在布设围护结构、立柱、支撑、锚杆、土钉等的应力应变观测点时应注意。管线的观测点布设不能影响管线的正常使用和安全。

监测点应避开障碍物,以保证量测通视,减小转站引点导致的误差。在满足监控要求的前提下,应尽量减少在材料运输、堆放和作业密集区埋设的测点,以减少对施工作业产生的不利影响,同时也可以避免测点遭到破坏,提高测点的成活率。

5.1.3 本条文为修改的条文。进行基坑工程的监测方案设计时,监测点的位置应首先在基坑或建(构)筑物的重要部位设点,然后再按照点的间距要求设点,以保证对重要部位、危险源有所重点观测。基坑支护结构、周围岩土体以及周边环境被保护对象是一个系统,相互之间有着内在的必然联系,把同一监控区域的不同监测项目尽可能的布置在同一监测断面上，有利于监测数据的相互印证以及对变化趋势的准确分析、判断。

5.1.4 监测标志的型式和埋设依照现行行业标准《建筑变形测量规范》JGJ8 执行。侵蚀环境下的监测标志应具有一定的耐腐蚀性，以保证使用期内正常工作。

5.2 基坑及支护结构

5.2.1 本条文为修改的条文。围护墙或基坑边坡顶部的水平和竖向位移监测点应沿基坑周边布置，监测点水平间距不宜大于20m。一般基坑每边的中部、阳角处变形较大，所以中部、阳角处宜设测点。为便于监测，水平位移观测点宜同时作为垂直位移的观测点。为了测量观测点与基线的距离变化，基坑每边的测点不宜少于 3 点。观测点设置在基坑边坡混凝土护顶或围护墙顶（冠梁）上，有利于观测点的保护和提高观测精度。

5.2.2 本条文为修改的条文。围护墙或土体深层水平位移的监测是观测基坑围护体系变形最直接的手段，监测孔应布置在基坑平面上挠曲计算值最大的位置。一般情况下基坑每侧中部、阳角处的变形较大，因此该处宜设监测孔；基坑开挖次序以及局部挖深会使围护墙最大变形位置发生变化，布置监测孔时应予以考虑。

深层水平位移观测目前多用测斜仪观测。为了真实地反映围护墙的挠曲状况和地层位移情况，应保证测斜管的埋设深度；同时应注意测斜管导向槽应与基坑边垂直，保证监测值与土体变形方向一致。

因为测斜仪测出的是相对位移，若以测斜管底端为固定起算点（基准点），应保持管底端不动，否则就无法准确推算各点的水平位移，所以要求测斜管管底嵌入到稳定的土体中。

5.2.3 本条文为修改的条文。围护墙内力监测点应考虑围护墙内力计算图形，布置在围护墙出现弯矩极值的部位，监测点数量和横向间距视具体情况而定。平面上宜选择在围护墙相邻两支撑的跨中部位、开挖深度较大以及地面堆载较大的部位；竖直方向（监测断面）上监测点宜布置支撑处和相邻两层支撑的中间部位，间距宜为 2m～4m。

5.2.4 本条文为修改的条文。支撑轴力的监测多根据支撑杆件采用的不同材料，选择不同的监测方法和监测传感器。对于混凝土支撑杆件，目前主要采用钢筋应力计或混凝土应变计；对于钢支撑杆件，多采用轴力计（也称反力计）或表面应变计。

支撑轴力监测断面的位置应根据支护结构计算书确定，监测截面应选择在轴力较大杆件上受剪力影响小的部位，因此本条第 3 款要求当采用应力计和应变计测试时，监测截面宜选择在两相邻立柱支点间支撑杆件的 1/3 部位；钢支撑采用轴力计测试时，轴力计宜设置在支撑端头。

5.2.5 本条文为修改的条文。立柱竖向位移是坑底隆起、沉降变形的一种结构响应和间接反应，对分析、控制基坑变形具有重要意义，但目前仍没有一种有效计算立柱竖向位移的方法。立柱的竖向位移（沉降或隆起）对支撑轴力、支撑端剪力和跨中弯矩的影响很大，因此对于支撑体系应加强立柱的位移监测。

立柱竖向位移监测点应布置在立柱受力、变形较大和容易发生差异沉降的部位，例如基坑中部、多根支撑交汇处、地质条件复杂处。逆作法施工时，承担上部结构的立柱应加强监测。

5.2.6 本条文为修改的条文。为了分析不同工况下锚杆轴力的变化情况，对监测到的锚杆轴力值与设计计算值进行比较，各层监测点位置在竖向上宜保持一致。锚头附近位置锚杆拉力大，当用锚杆测力计时，测试点宜设置在锚头附近。

5.2.7 本条文为修改的条文。基坑隆起监测点的埋设和施工过程中的保护比较困难，监测点不宜设置过多，以能够测出必要的基坑隆起数据为原则，本条规定监测剖面数量不宜少于 2 个，同一剖面上监测点数量不宜少于 3 个，基坑中央宜设监测点，依据这些监测点绘出的隆起断面图可以基本反映出坑底的变形变化规律。

5.2.8 本条文为修改的条文。围护墙侧向土压力监测断面的布置应选择在受力、土质条件变化较大的部位,在平面上宜与深层水平位移监测点、围护墙内力监测点位置等匹配,这样监测数据之间可以相互验证,便于对监测项目的综合分析。在竖直方向(监测断面)上监测点应考虑土压力的计算图形、土层的分布以及与围护墙内力监测点位置的匹配。

5.2.9 本条文为修改的条文。孔隙水压力的变化是地层位移的前兆,对控制打桩、沉井、基坑开挖等引起的地层位移起到十分重要的作用。孔隙水压力监测断面宜靠近这些基坑受力、变形较大或有代表性的部位布置。

5.2.10 本条文为修改的条文。地下水位测量主要是通过水位观测孔(地下水位监测点)进行。地下水位监测点的作用一是检验降水井的降水效果,二是观测降水对周边环境的影响。

检验降水井降水效果的水位监测点应布置在降水井点(群)降水区降水能力弱的部位,因此当采用深井降水时,水位监测点宜布置在基坑中央和两相邻降水井的中间部位;当采用轻型井点、喷射井点降水时,水位监测点宜布置在基坑中央和周边拐角处。

当用水位监测点观测降水对周边环境影响时,地下水位监测点应沿被保护对象的周边布置。如有止水帷幕,水位监测点宜布置在帷幕的施工搭接处、转角处等有代表性的部位,位置在截水帷幕的外侧约 2m 处,以便于观测截水帷幕的止水效果。

检验降水井降水效果的水位监测点,观测管的管底埋置深度应在最低设计水位之下 3m~5m。观测降水对周边环境影响的监测点,观测管的管底埋置深度应在最低允许地下水位之下 3m~5m。

承压水的观测孔埋设深度应保证能反映承压水水位的变化。

5.3 基坑周边环境

5.3.1 本条文为原标准的条文。基坑工程周边环境的监测范围既要考虑基坑开挖和降水的影响范围，保证周边环境中各保护对象的安全使用，也要考虑对监测成本的影响。基坑开挖对周边土体的扰动范围与地质条件、开挖深度有关，岩土体的物理力学性质越差、开挖深度越深，扰动影响范围越广。基坑降水影响曲线是距离降水井越近，水位下降越大；距离降水井越远，水位下降越小。地下水位下降，会导致土体的固结沉降，进而影响地面建筑沉降变形。我国部分地方标准的规定是，山东规定"从基坑边缘以外1倍~3倍基坑开挖深度范围内需要保护的建（构）筑物、地下管线等均应作为监测对象。必要时，尚应扩大监控范围。"上海规定"监测范围宜达到基坑边线以外2倍以上的基坑深度，并符合工程保护范围的规定，或按工程设计要求确定。"深圳规定"监测范围宜达到基坑边线以外2倍基坑深度"。综合基坑工程经验，结合我国各地的规定，本条规定了从基坑边缘以外1倍~3倍开挖深度范围内需要保护的建筑、管线、道路、人防工程等均应作为监控对象。具体范围应根据地质条件、周边保护对象的重要性等确定。一般情况下，软弱地层以及对施工降水影响较敏感的地层宜取该范围的较大值。必要时尚应扩大监测范围。

5.3.3 本条文为原标准的条文。为了反映建筑竖向位移的特征和便于分析，监测点应布置在建筑竖向位移差异大的地方。

5.3.4 本条文为原标准的条文。当能判断出建筑的水平位移方向时，可以仅观测其此方向上的位移，因此本条规定一侧墙体的监测点不宜少于3点。

5.3.5 本条文为原标准的条文。建筑整体倾斜监测可根据不同的监测条件选择不同的监测方法，监测点的布置也有所不同。当建筑具有较大的结构刚度和基础刚度时，通常采用观测基础差异沉降推算建筑的倾斜，这时监测点的布置应考虑建筑的基础形式、体态特征、结构形式以及地质条件的变化等，要求同建筑的竖向位移观测基本一致。

5.3.6 本条文为原标准的条文。裂缝监测应选择有代表性的裂缝进行观测。每条需要观测的裂缝应至少设 2 个监测点，每个监测点设一组观测标志，每组观测标志可使用两个对应的标志分别设在裂缝的两侧。对需要观测的裂缝及监测点应统一进行编号。

5.3.7 本条文为修改的条文。管线的观测分为直接法和间接法。

当采用直接法时，常用的测点设置方法有：

（1）抱箍法

由扁铁做成的圆环或半圆环（也称抱箍，其上焊测杆）固定在管线上，将测杆与管线连接成一个整体，测杆不超过地面，地面处设置相应的窨井，保证道路、交通和人员的正常通行。此法观测精度较高，其不足之处是必须凿开路面，开挖至管线的底面，这对城市主干道是很难实施的，但对于次干道和十分重要的地下管道，如高压煤气管道，按此方案设置测点并予以严格监测是可行和必要的。

对于埋深浅、管径较大的地下管线也可以取点直接挖至管线顶表面，露出管线接头或阀门，在凸出部位做上标示作为测点。

（2）套管法

用一根硬塑料管或金属管埋设或打设于所测管线顶面，量测时将测杆放入埋管内，再将标尺搁置在测杆顶端，只要测杆放置的位置固定不变，测试结果就能够反映出管线的沉降变化。此法的特点是简单易行，可避免道路开挖。

间接法就是不直接观测管线本身，而是通过观测管线周边的土体，分析管线的变形。此法常用的测点设置方法有：

（1）底面观测点

将测点设在靠近管线底面附近的侧向土体中，观测管线底面附近土体位移。

（2）顶面观测点

将测点设在管线轴线相对应的地表土体里进行观测，当为硬化地面时，监测点标志应穿透路面结构硬层。

间接法由于测点与管线本身存在介质，因而观测精度较低，但可避免破土开挖。

5.3.8 本条文为修改的条文。监测点应满足与土体协同变形的要求，避免将监测点直接布置在地面硬壳层上。每个监测断面上的监测点间距应根据支护形式及变形规律确定，一般不宜少于5个。

5.3.9 本条为新增条文。土体分层竖向位移监测是为了量测不同深度处土的沉降与隆起。目前监测方法多采用磁环式分层沉降标监测（分层沉降仪监测）、磁锤式深层标或测杆式深层标监测。当采用磁环式分层沉降标监测时为一孔多标，采用磁锤式和测杆式分层标监测时为一孔一标。监测孔的位置应选择在靠近被保护对象且有代表性的部位。沉降标（测点）的埋设深度和数量应考虑基坑开挖、降水对土体垂直方向位移的影响范围以及土层的分布。上海市地方标准《基坑工程施工监测规程》DG/T 08-2001-2016规定"监测点布置深度宜大于2倍基坑开挖深度"。

5.3.10 本条为新增条文。

6 人 工 监 测

6.1 一 般 规 定

6.1.1 本条文为修改的条文。变形监测网的网点宜分为基准点、工作基点和变形监测点。

基准点不应受基坑开挖、降水、桩基施工以及周边环境变化的影响，应设置在位移和变形影响范围以外、位置稳定、易于保存的地方，并应定期复测，以保证基准点的可靠性。复测周期视基准点所在位置的稳定情况而定。

每期应将工作基点与基准点进行联测。

6.1.2 本条文为修改的条文。水平位移监测网可采用单导线、导线网、边角网等形式布设整体水平位移监测网，也可按照各侧边布置独立的基准线。各种布网的长短边长不宜差距过大。建立假定坐标系统或建筑坐标系统时，应使坐标轴指向尽可能与大部分基坑围护边线保持平行，减少误差积累。

水平位移监测的工作基点宜设置具有强制对中的观测墩，根据行业标准《建筑变形测量规范》JGJ 8 - 2016 的规定，变形观测精度等级为特等和一等的基准点及工作基点应建造具有强制对中装置的观测墩或埋设专门观测标石。变形观测等级为二等以及采用极坐标法观测水平位移时，宜设置具有强制对中装置的观测墩。相邻控制点包括基准点、工作基点，每次水平位移观测前应对相邻控制点进行稳定性检查。

6.1.4 本条文为修改的条文。本条规定是监测工作能否顺利开展的基本保证。根据监测仪器的自身特点、使用环境和使用频率等情况，在相对固定的周期内进行维护保养，有助于监测仪器在检定使用期内的正常工作。

6.1.5 本条为原标准条文。本条规定是为了将监测中的系统误差减到最小，达到提高监测精度的目的。监测时尽量使仪器在基本相同的环境和条件（如环境温度、湿度、光线、工作时段等）下工作，但在异常情况下可不作强制要求。

6.1.6 本条文为原标准的条文。实际上各监测项目都不可能取得绝对稳定的初始值，因此本条所说的稳定值实际上是指在较小范围内变化的初始观测值，且其变化幅度相对于该监测项目的预警值而言可以忽略不计。

监测项目初始值应在相关施工工序之前测定。位移监测项目取至少连续观测 3 次的且较差满足要求的观测值之平均值作为初始值。轴力等直接测试的项目可取连续 3 次相对稳定观测值之平均值作为初值。

6.1.8 本条文为修改的条文。目前基坑工程监测技术发展很快，如智能型全站仪自动化监测、光纤监测、GNSS 定位、摄影测量等采用高新技术的监测方法已应用于基坑工程监测。为了促进新技术的应用，本条规定当这些新的监测方法能够满足本标准的精度要求时，亦可以采用。

6.2 人工监测方法

6.2.1 本条文为新增的条文。

6.2.2 本条文为修改的条文。水平位移的监测方法较多，但各种方法的适用条件不一，在方法选择和施测时均应特别注意。

如采用小角度法时，监测前应对经纬仪的垂直轴倾斜误差进行检验，当垂直角超出 ±3° 范围时，应进行垂直轴倾斜修正；采用视准线法时，其测点埋设偏离基准线的距离不宜大于 2cm，对活动觇牌的零位差应进行测定；采用前方交会法时，交会角应在 60°～120° 之间，并宜采用三点交会法等。

6.2.3 本条文为修改的条文。几何水准测量的仪器、技术成熟，测量精度易保证，目前仍是基坑工程竖向位移观测的主要方法。当不便使用水准几何测量或需要进行自动监测时，可采用静力水准测量方法。当采用三角高程测量、全站仪自动测量时，观测精度须满足对监测对象的报预警监控要求。

6.2.4 本条文为修改的条文。测斜仪依据探头是否固定在被测物体上分为固定式和活动式两种。基坑工程中人工监测常用的是活动式测斜仪，即先埋设测斜管，每隔一定的时间将探头放入管内沿导槽滑动，通过量测测斜管斜度变化，推算水平位移。本标准中的深层水平位移监测均采用此监测方法。

深层水平位移计算时，应确定起算点。当测斜管嵌固在稳定岩土体中时，宜以测斜管底部为位移起算点；当测斜管底部未嵌固在稳定岩土体时，应以测斜管上部管口为起算点，且每次监测均应测定管口位移，并对深层水平位移值进行修正。

6.2.5 本条文为修改的条文。根据不同的现场观测条件和要求，当被测建筑具有明显的外部特征点和宽敞的观测场地时，宜选用投点法、水平角观测法、前方交会法等；当被测建筑内部有一定的竖向通视条件时，宜选用垂准法等；当被测建筑具有较大的结构刚度和基础刚度时，可选用倾斜仪法或差异沉降法。

当从建筑外部进行倾斜观测时，建筑顶部的监测点标志宜采用固定的觇牌和棱镜，墙体上的监测点标志可采用埋入式照准标志。当不便安装埋设标志时，可粘贴反射片标志，也可利用符合照准要求的建筑特征点。

当建筑外场地允许，宜采用全站仪或经纬仪投点法。测站点宜选择在与建筑倾斜方向成正交的方向线上，测站点距离照准目标不宜小于1.5倍的目标高度。底部观测点宜安置水平读数尺。全站仪或经纬仪应瞄准上部观测点标志，将上部观测点投影到底部，通过水平读数尺直接读取偏移量，正、倒镜各观测一次取平均值，并根据上、下观测点高度差计算倾斜度。

当采用水平角观测法时，应设置定向点，测站点和定向点应采用具有强制对中装置的观测墩。

当建筑内部具有竖向通视条件时，可采用垂准法。应在下部观测点上安置激光垂准仪或光学垂准仪，在顶部观测点上安置接收靶，由接收靶直接读取或量取顶部水平位移量和位移方向，计算倾斜量。观测时应进行下部点对中并按 180°和 90°的对称位置，分别读取 2 次或 4 次位移数据。

当利用相对沉降量间接确定建筑倾斜时，可采用水准测量或静力水准测量等方法通过测定差异沉降来计算倾斜值和倾向方向。

6.2.6 本条文为修改的条文。基坑开挖前应记录监测对象已有裂缝的分布位置和数量，测定其走向、长度、宽度和深度等情况，监测标志应具有可供量测的明晰端面或中心。

6.2.7 本条文为修改的条文。应根据监测对象的结构形式、施工方法选择相应类型的传感器。混凝土支撑、围护桩（墙）宜在钢筋笼制作的同时，在主筋上安装钢筋应力计或应变计；钢支撑宜采用轴力计或表面应力计；钢立柱、钢围檩（腰梁）宜采用表面应变计。

6.2.8 本条文为修改的条文。

6.2.9 本条文为修改的条文。

6.2.10 本条文为修改的条文。

6.2.11 本条文为修改的条文。锚杆监测的目的是掌握锚杆的变化，确认其工作性能。由于钢筋束内每根钢筋的初始拉紧程度不一样，所受的拉力与初始拉紧程度关系很大。

6.2.12 本条文为修改的条文。

6.2.13 本条文为修改的条文。

6.2.14 本条文为新增的条文。

7 自动化监测

7.1 一 般 规 定

7.1 本节条文均为新增的条文。

7.1.1 本条为新增条文。人工监测外业强度大、效率低、人工成本高；同时，人工监测作业人员需频繁身处施工现场，从事繁重的单调工作，对监测人员的人身安全、生理、心理健康也不利；此外，人工监测还存在监测频率低、数据提供不及时等缺点。因此，开展自动化监测是大势所趋。

自 20 世纪 90 年代起，我国便开始研发自动化监测系统，借助自动化仪器观测及数据采集，并通过网络、卫星通信系统的远程传输，逐步实现了自动化观测、数据的远程采集和实时信息传输，并可根据事先设定的阈值进行预警，从而达到了自动化、高频次监测的目的。目前，有的监测机构将人工智能引入自动化监测中，利用积累的海量数据以及计算机的算力，采用机器学习、遗传算法等进行监测数据的智能分析，以求对基坑及周边环境进行实时的变形预测等。

7.1.2 本条为新增条文。监测项目、范围、对象、测点布置、监测精度及预警指标、危险报警条件等监测内容在本标准前面各章节中均作出了规定。自动化监测只是丰富了监测方法以及数据采集、处理和信息反馈方法，因此，在这些方面仍要符合本标准有关规定，并满足设计要求。

7.1.3 本条文为新增的条文。当周边环境、施工工况的变化可能影响到工作基点时，应及时将工作基点与基准点进行联测并修正其坐标。

7.2 系统的设计、安装和运维

7.2 本节条文均为新增的条文。

7.2.6 本条为新增条文。基坑监控中心是基坑工程监测的控制和指挥中心，主要包括机房、服务器、软件平台和监控人员。监控中心具有对设备、电源、通信等硬件的工作状态进行自动监控，对异常状态自动预警的功能。

7.3 自动化监测方法

7.3 本节条文均为新增的条文。

8 监 测 频 率

8.0.1 本条文为修改的条文。这是确定基坑工程监测频率的总原则。基坑工程监测应能及时反映监测项目的重要发展变化情况，以便对设计与施工进行动态控制，纠正设计与施工中的偏差，保证基坑及周边环境的安全。基坑工程的监测频率还与投入的监测工作量和监测费用有关，既要注意不遗漏重要的变化时刻，也应当注意合理调整监测人员的工作量，控制监测费用。

8.0.2 本条文为修改的条文。基坑开挖到达设计深度以后，土体变形与应力、支护结构的变形与内力并非保持不变，而将继续发展，基坑并不一定是最安全状态，因此，监测工作应贯穿于基坑工程和地下工程施工全过程。

总的来讲，基坑工程监测是从基坑开挖前的准备工作开始，直至地下工程完成为止。地下工程完成一般是指地下室结构完成、基坑回填完毕，而对逆作法则是指地下结构完成。对于一些监测项目如果不能在基坑开挖前进行，就会大大削弱监测的作用，甚至使整个监测工作失去意义。例如，用测斜仪观测围护墙或土体的深层水平位移，如果在基坑开挖后埋设测斜管开始监测，就不会测得稳定的初始值，也不会得到完整、准确的变形累计值，使得监控预警难以准确进行；土压力、孔隙水压力、围护墙内力、围护墙顶部位移、基坑坡顶位移、地面沉降、建筑及管线变形等等都是同样道理。当然，也有个别监测项目是在基坑开挖过程中开始监测的，例如，支撑轴力、支撑及立柱变形、锚杆及土钉内力等等。

一般情况下，地下工程完成就可以结束监测工作。对于一些临近基坑的重要建筑及管线的监测，由于基坑的回填或地下水停止抽水、建筑及管线会进一步调整，建筑及管线变形会继续发展，监测工作还需要延续至变形趋于稳定后才能结束。

8.0.3 本条文为新增的条文。基坑设计安全等级、基坑及地下工程的不同施工阶段以及周边环境、自然条件的变化等是确定监测频率应考虑的主要因素。

基坑工程的监测频率不是一成不变的，应根据基坑开挖及地下工程的施工进程、施工工况以及其他外部环境影响因素的变化及时地做出调整。一般在基坑开挖期间，地基土处于卸荷阶段，支护体系处于逐渐加荷状态，应适当加密监测；当基坑开挖完后一段时间，监测值相对稳定时，可适当降低监测频率。当出现异常现象和数据，或临近预警状态时，应提高监测频率甚至连续监测。

表 8.0.3 的监测频率是从工程实践中总结出来的经验成果，在无数据异常和事故征兆的情况下，基本能够满足现场监控的要求，在确定现场监测频率时可选用。

表 8.0.3 的监测频率针对的是应测项目的仪器监测。对于宜测、可测项目的仪器监测频率可视具体情况适当降低，一般可取应测项目监测频率值的 2 倍～3 倍。

另外，如果基坑工程对位移、支撑内力、土压力、孔隙水压力等监测项目实施了自动化监测。一般情况下自动化采集的频率可以设置很高，因此，这些监测项目的监测频率可以较表 8.0.3 值大大提高，以获得更连续的实时监测数据。

8.0.4 本条为新增条文。对基坑及周边环境各监测对象性状的及时分析判断与监测频率有关，但增加人工仪器监测频率会较大幅度地增加监测成本，在此方面，自动化监测有着明显优势，在自动化监测系统运行后，监测频率的增加对监测成本的影响很小，因此，本条规定自动化监测项目的监测频率不应低于本标准规定的正常情况下人工仪器监测频率的 2 倍。

8.0.5 本条文为修改的条文。本条所描述的情况均属于施工违规操作、外部环境变化趋向恶劣、基坑工程临近或超过预警标准、有可能导致或出现基坑工程安全事故的征兆或现象，应引起各方的足够重视，因此应加强监测，提高监测频率。

8.0.7 本条文为新增的条文。

9 监测预警

9.0.1 本条文为新增条文。基坑工程工作状态一般分为正常、异常和危险三种情况。异常是指监测对象受力或变形呈现出不符合一般规律的状态。危险是指监测对象的受力或变形呈现出低于结构安全储备、可能发生破坏的状态。

9.0.2 本条文为原标准修改条文。与结构受力分析相比，基坑变形的计算比较复杂，且计算理论还不够成熟，目前各地区积累起来的工程经验很重要。本条提出了安全和变形控制的一般性原则，在确定监测控制值时应满足这些基本要求。

9.0.3 本条文为新增条文。监测预警是基坑工程实施监测的目的之一，是预防基坑工程事故发生、确保基坑及周边环境安全的重要措施。监测预警值是监测工作的实施前提，是监测期间对基坑工程正常、异常和危险三种状态进行判断的重要依据，因此基坑工程监测必须确定监测预警值。

监测预警值应由基坑工程设计方根据基坑工程的设计计算结果、周边环境中被保护对象的控制要求等确定，如基坑支护结构作为地下主体结构的一部分，地下结构设计要求也应予以考虑，为此本条明确规定了监测预警值应由基坑工程设计方确定。

9.0.4 本条文为原标准条文。基坑工程监测预警不但要控制监测项目的累计变化量，还要注意控制其变化速率。累计变化量反映的是监测对象即时状态与异常或危险状态的关系，而变化速率反映的是监测对象工作状态发展变化的快慢。过大的变化速率，往往是突发事故的先兆。例如，对围护墙变形的监测数据进行分析时，应把位移的大小和位移速率结合起来分析，考察其发展趋势，如果累计变化量不大，但发展很快，说明情况异常，基坑的安全正受到严重威胁。因此在确定监测预警值时应同时给出变化速率和累计变化量，当监测数据超过其中之一时，监测人员应及时预警。有关各方应及时分析原因，判断监测对象的工作状态，并采取相应措施。

9.0.5 本条文为新增的条文。基坑工程设计方应根据土质特性和周边环境保护要求对支护结构的内力、变形进行必要的计算与分析，并结合当地的工程经验确定合适的监测预警值。

确定基坑工程监测项目的监测预警值是一个十分严肃、复杂的课题，建立一个定量化的预警指标体系对于基坑工程的安全监控意义重大。但是由于设计理论的不尽完善以及基坑工程的地质、环境差异性及复杂性，人们的认知能力和经验还十分不足，在确定监测预警值时还需要综合考虑各种影响因素。实际工作中主要依据三方面的数据和资料：

（1）设计结果

基坑工程设计人员对于围护墙、支撑或锚杆的受力和变形、坑内外土层位移、抗渗等均进行过详尽的设计计算或分析，其计算结果可以作为确定监测预警值的依据。

（2）相关标准的规定值以及有关部门的规定

例如，确定基坑工程相邻的民用建筑监测预警值时，可以参照国家标准《民用建筑可靠性鉴定标准》GB 50292－2015。随着基坑工程经验的积累，各地区可以用地方标准或规定的方式提出符合当地实际的基坑监控定量化指标。

（3）工程经验类比

基坑工程的设计与施工中，工程经验起到十分重要的作用，参考已建类似工程项目的受力和变形规律提出并确定本工程的基坑预警值，往往能取得较好的效果。

表9.0.5是经过大量工程调研及征询各地多年从事基坑工程的研究、设计、勘察、施工、监测工作的专家意见，并结合现行的有关标准提出的预警值。需要强调的是我国地域广阔，地质条件千差万别，基坑工程设计理论和方法也还很不完善，就目前的认知条件还难以准确地提出适用各种地质条件、支护形式的基坑

工程监测预警值。但为了推进基坑工程监测工作，在实践中不断总结、积累经验，提出表 9.0.5 以方便监测工作，该表仅作为无当地经验时监测预警的参考。监测预警值应由基坑工程设计方根据基坑设计安全等级、工程地质条件、设计计算结果并结合当地工程经验等因素确定，不应不加分析地盲目采用该表提供的监测预警参考值。

表 9.0.5 位移预警值采用了累计变化量和变化速率两项指标共同控制。位移的累计变化量中又分为绝对值和相对基坑深度（H）控制值，其中相对基坑深度（H）控制值是指位移相对基坑设计深度（H）的变化量。对较浅的基坑一般总位移量不大，其安全性主要受相对基坑深度（H）控制值的控制，而较深的基坑，往往变形虽未超过相对基坑深度（H）控制值，但其绝对值已超限，因此，本条规定了累计值取绝对值和相对基坑深度（H）控制值之间的小值。

土压力和孔隙水压力等的预警值采用了对应于荷载设计值的百分比确定。荷载设计值是具有一定安全保证率的荷载取值（荷载标准值乘以荷载分项系数）。对基坑工程，如监测到的荷载已达到设计值的 $60\%\sim80\%$，说明实际荷载已经达到或接近理论计算的荷载标准值，虽然此时不会引起基坑安全问题，但应该预警引起重视。因此，考虑基坑的安全等级，对土压力和孔隙水压力，一级基坑达到荷载设计值的 $60\%\sim70\%$，而二、三级基坑达到 $70\%\sim80\%$ 预警是适宜的。

支撑、锚杆、围护墙等结构内力预警值则采用了对应于构件承载能力设计值的百分比确定。构件的承载力设计值是由材料强度设计值和几何参数设计值确定的结构构件所能承受最大外加荷载的设计值。为了满足结构规定的安全性，构件的承载力设计值应大于或等于荷载效应的设计值。在基坑工程中，当设计中构件的承载力设计值等于荷载效应的设计值，如监测到构件内力已达到承载能力设计值的 $60\%\sim80\%$ 时，结构仍能满足结构设计的安全性而不至于引起构件破坏，但此时构件的内力已相当于按荷载标准值计算所得的内力，所以，应该及时预警以引起重视。而当设计中构件的承载力较为富裕，其设计值大于荷载效应的设计值，则构件的实际内力一般不会达到其承载力设计值的 60%～80%。因此，考虑基坑的安全等级，对支撑内力等构件内力，一级基坑达到承载力设计值的 60%～70%，而二、三级基坑达到70%～80% 预警是适宜的。

　　基坑开挖卸荷将会引起基坑坑底隆起，随之产生的基坑立柱竖向位移如过大将引起结构自身的内力重分布，同时会对周围环境中的被保护对象造成不利影响。天津大学郑刚等系统地搜集整理了天津地铁 5、6 号线车站的基坑立柱回弹实测数据，并进行了统计分析研究。地下 2 层的地铁车站深基坑主体结构基底大多位于⑧$_1$粉质黏土层上，为可塑状态，无层理，含铁质，属中压缩性土。层位稳定，土质总体上较均匀。车站区域内无软弱土、液化土分布，地基土分布总体上均匀、稳定。地下 3 层的地铁车站深基坑主体结构基底大多位于⑧$_{2-1}$层粉土、⑨$_1$层粉质黏土，其中⑧$_{2-1}$层粉土为密实状态，无层理，含铁质，属中压缩性土。⑨$_1$层粉质黏土为可塑状态，无层理，含铁质，属中压缩性土。研究结果表明，立柱回弹最大值约为平均值的 1.2 倍，顺作法地下 2 层站基坑（15m～18m 深）和 3 层站基坑（24m～26m 深）平均立柱回弹值分别处于 5mm～40mm 和 30mm～55mm 范围，且回弹值均不超过基坑深度的 0.25%。随着地连墙插入比的增加，立柱回弹相应减小，立柱回弹值随着围护结构变形的增大而增大，可见控制围护结构变形可以有效地减小立柱回弹；逆作法基坑立柱回弹较顺作法显著减小，均值在 3mm～10mm 范围，仅相当于相同深度顺作法基坑立柱回弹的 1/10～1/3，利用模糊统计得出天津地区开挖深度在 15m～18m 范围的基坑，正常立柱回弹的取值范围 15mm～25mm。

9.0.6 本条文为修改的条文。表 9.0.6 是根据调研结果并参考相关标准及有关地方经验而确定的。基坑周边环境中的管线、建筑的预警值表中给出了一个范围，工程中可根据需保护对象建造年代、结构类型和现状、离基坑的距离等确定，建造年代已久、结构较差、离基坑较近的可取下限，而对较新的、结构较好、离基坑较远的可取上限。燃气管线位移预警值宜取小值，即不超过1cm。

9.0.7 本条文为修改的条文。周边建筑的安全性与其沉降或变形总量有关，其中基坑开挖造成的沉降仅为其中的一部分。应保证周边建筑原有的沉降或变形与基坑开挖造成的附加沉降或变形叠加后，不能超过允许的最大沉降或变形值，因此，在监测前应收集周边建筑使用阶段监测的原有沉降与变形资料，结合建筑裂缝观测确定周边建筑的预警值。

9.0.8 本条文为新增的条文。周边环境中的建筑物、隧道、高边坡、新浇混凝土的爆破振动判据采用保护对象的基础质点峰值振动速度及主振频率，预警值不应大于现行国家标准《爆破安全规程》GB 6722规定的"爆破振动安全允许标准"，对于年久失修、老化严重的建（构）筑物宜结合质量鉴定报告进行综合分析确定。

9.0.9 监测数据达到监测预警值时，监测单位应进行预警，目的是通知有关各方及时分析原因，以便对监测对象的安全状态做出及时、准确的判断，并根据分析判断结论，采取相应措施消除或控制安全风险。监测单位在预警前，首先应排除因自身监测工作失误造成的数据异常，以免发生误报。

9.0.10 本条文为修改的条文。危险是指监测对象的受力或变形呈现出低于结构安全储备、可能发生破坏的状态。本条列出的都是在工程实践中总结出的基坑及周边环境危险情况，一旦出现这些情况，将严重威胁基坑以及周边环境中被保护对象的安全，必须立即发出危险报警，通知建设、设计、施工、监理及其他相关单位及时采取措施，保证基坑及周边环境的安全。

基坑支护结构或周边岩土体的位移值突然明显增大或基坑出现流砂、管涌、隆起、陷落或较严重的渗漏等，说明临近或已出现倾覆、整体滑动、抗渗流等稳定性破坏。构件的承载能力设计值是由材料强度设计值和几何参数设计值确定的结构构件所能承受最大外加荷载的设计值。当监测内力值达到构件承载能力设计值的90％时，说明构件已经接近其最大承载能力，应立即进行报警。基坑支护结构的支撑或锚杆体系出现过大变形、压屈、断裂、松弛或拔出的迹象，说明强度和刚度已不满足承载力要求。周边建筑的结构部分出现危害结构的变形裂缝，周边地面出现较严重的突发裂缝、地下空洞、地面下陷等，说明结构和地面变形已超过允许最大变形。周边管线变形突然明显增长或出现裂缝、泄漏等，说明管线受力、变形超过了允许承载力和变形要求，已影响了管线的正常使用，甚至可能引发更严重安全事故。冻土基坑经受冻融循环时，基坑周边土体温度显著上升，发生明显的冻融变形，则极易导致基坑整体失稳。

由于每个基坑工程的特点、难点不同，设计方还会有针对性地提出其他危险报警情况；各地的工程地质条件不同，对基坑危险状况的分析判断也会积累当地经验，当出现根据当地工程经验判断的危险状态时，也必须进行危险报警。

工程实践中，由于疏忽大意未能及时报警或报警后未引起各方足够重视，贻误排险或抢险时机，从而造成工程事故的例子很多，我们应吸取这些深刻教训，为此本条应严格执行。

10 数据处理与信息反馈

10.0.1 本条文为修改的条文。为了确保监测工作质量，保证基坑及周边环境的安全和正常使用，防止监测工作中的弄虚作假，本条分别强调了基坑工程监测人员及单位的责任。现场量测人员应对监测数据的真实性负责，监测分析人员应对监测报告的可靠性负责。为了明确责任，保证监测记录和监测成果的可追溯性，本条还规定有关责任人应签字，技术成果应加盖技术成果章。

基坑工程监测分析工作事关基坑及周边环境的安全，是一项技术性非常强的工作，只有保证监测分析人员的素质，才能及时提供高质量的综合分析报告，为信息化施工和优化设计提供可靠依据，避免事故的发生。监测分析人员要熟悉基坑工程设计和施工、能对建筑结构状态进行分析，因此不但要求具备工程测量的知识，还要具备岩土工程、结构工程的综合知识和工程实践经验。

10.0.4 本条文为修改的条文。基坑工程监测是一个系统，系统内的各项目监测有着必然的、内在的联系。某一单项的监测结果往往不能揭示和反映整体情况，必须结合相关项目的监测数据和自然环境、施工工况、地质条件等情况以及以往数据进行分析，才能通过相互印证、去伪存真，正确地把握基坑及周边环境的真实状态，提供出高质量的综合分析报告。

10.0.6 本条文为修改的条文。对大量的测试数据进行综合整理后，应将结果制成表格。通常情况下，还要绘出各类变化曲线或图形，使监测成果"形象化"，让工程技术人员能够一目了然，以便于及时发现问题和分析问题。

10.0.7 本条文为修改的条文。当日报表是信息化施工的重要依据。每次测试完成后，监测人员应及时进行数据处理和分析，形成当日报表，提供给委托单位和有关方面。当日报表强调及时性和准确性，对监测项目应有正常、异常和危险的判断性结论。

10.0.8 阶段性报告是经过一段时间的监测后，监测单位通过对以往监测数据和相关资料、工况的综合分析，总结出的各监测项目以及整个监测系统的变化规律、发展趋势及其评价，用于总结经验、优化设计和指导下一步的施工。阶段性检测报告可以是周报、旬报、月报或根据工程的需要不定期地进行。报告的形式是文字叙述和图形曲线相结合，对于监测项目监测值的变化过程和发展趋势尤以过程曲线表示为好。阶段性监测报告强调分析和预测的科学性、准确性，报告的结论要依据充分。

10.0.9 本条文为修改的条文。总结报告是基坑工程监测工作全部完成后监测单位提交给委托单位的竣工报告。总结报告一是要提供完整的监测资料；二是要总结工程的经验与教训，为以后的基坑工程设计、施工和监测提供参考。

统一书号: 15112·44132

定　价:　**38.00**　元